リブロワークス 著

生成AIと一緒に学ぶ

Python

ふりがな
プログラミング

LEARNING PYTHON
'FURIGANA'
PROGRAMMING WITH
GENERATIVE

JN207557

インプレス

著者プロフィール

リブロワークス

「ニッポンのITを本で支える!」をコンセプトに、IT書籍の企画、編集、デザインを手がける集団。デジタルを活用して人と企業が飛躍的に成長するための「学び」を提供する(株)ディジタルグロースアカデミアの1ユニット。SE出身のスタッフが多い。最近の著書は『Cursor完全入門』(インプレス)、『ゲームで学ぶPython! Pyxelではじめる楽しいレトロゲームプログラミング』(技術評論社)、『Copilot for Microsoft 365ビジネス活用入門ガイド』(SBクリエイティブ)、『AWS1年生クラウドのしくみ』(翔泳社)など。
https://libroworks.co.jp/

本書はPythonについて、2025年2月時点での情報を掲載しています。
本文内の製品名およびサービス名は、一般に各開発メーカーおよびサービス提供元の登録商標または商標です。
なお、本文中にはTMおよびRマークは明記していません。

はじめに

　本書は生成AIをフル活用して、既存のプログラミング入門書よりもさらに初心者向けでありながら、業務での実用性も高い内容を目指した書籍です。

　生成AIを利用したプログラミングの本は、すでにたくさん出ているのですが、本書では次のようなスタイルを採用しています。

1. 会社から与えられた課題を生成AIに投げてプログラムを書かせる
2. うまく動かないときは、生成AIと対話しながら問題解決を図る
3. 生成AIが解決策を出せないときは、ふりがなを振ってプログラムを読み解き、直すべき部分を探す

　これで短時間で実践的なプログラムにたどり着けるのに加え、次のようなスキルを身に着けることができます。

- 生成AIにうまくプログラムを書かせる方法
- 生成AIを利用してエラーを解決する方法
- 他人（生成AI）が書いたプログラムを読み解く方法

　書籍中では、「表データの加工、集計」「Webからのデータ収集」「Excelの操作」「AIを利用した画像分類」の4テーマについて解説していますが、上記のスキルを活かせば、他のテーマに取り組むことも十分可能です。

　また、他人のプログラムを読んで勉強するというのは、プロのエンジニアが日常的に行っている王道の学習方法です。

　既刊の『スラスラ読めるPythonふりがなプログラミング』は、オーソドックスに文法を説明する構成を採用しました。今回は文法説明は短めにして、生成AIへの指示の出し方と、エラーの解決方法を調べる話を中心としています。

　実際のところプログラムの開発は、エラーの解決（デバッグ）に使う時間が大部分を占めるといわれるので、基礎と応用が混じった実情に近い内容になったと自負しています。

　本書が、皆さんの業務効率化の助けになると幸いです。

2025年2月　リブロワークス

CONTENTS

著者紹介・注意書き ･･･ 002

はじめに ･･･ 003

目次 ･･ 004

本書の読み進め方について ･･･ 008

Chapter 1

「Pythonと生成AIでDXして！」といわれて

01	緊急指令！　PythonでDXせよ！	････････････････	010
02	Pythonをインストールしよう	････････････････	016
03	簡単なプログラムを動かしてみよう	････････････	020
04	生成AIでプログラムを生成しよう	･････････････	024

Chapter 2

「1日でPythonの基礎を身に付けて!」といわれて

01	覚えてほしいPythonの基礎には何がある?	034
02	変数と計算のやり方を覚えよう	038
03	関数の呼び出し方を覚えよう	044
04	分岐で処理を変える方法を覚えよう	048
05	繰り返し文を覚えよう	054
06	大量のデータをまとめる方法を覚えよう	062
07	関数を自作する方法を覚えよう	070
08	オブジェクトについて知ろう	074
09	モジュールのインポート方法を覚えよう	078

Chapter 3

「大量のデータの突合せ作業をやって!」といわれて

01	そもそも「データの突合せ」とはどんな仕事?	090
02	データを突合せるプログラムを生成しよう	094
03	生成されたプログラムを読解してみよう	102
04	日付のトラブルを解決する	118

Chapter 4

「Webでキーワードのトレンドを調べて!」といわれて

01 まずはGoogleトレンドの使い方を調べてみる ‥‥‥‥ 124

02 Googleトレンドを利用するプログラムを生成しよう ‥‥‥‥ 128

03 生成されたプログラムを読解してみよう ‥‥‥‥ 142

04 グラフのトラブルを解決する ‥‥‥‥ 148

Chapter 5

「Excelのグラフを大量に作って!」といわれて

01 Excelでグラフを作るプログラムを生成しよう ‥‥‥‥ 154

02 生成されたプログラムを読解してみよう ‥‥‥‥ 162

Chapter 6

「大量の写真を分類して!」といわれて

01	写真を自動分類するプログラムを生成しよう	174
02	生成されたプログラムを読解してみよう	179

あとがき	188
索引	189
本書サンプルプログラムのダウンロードについて	191

本書の読み進め方について

　本書掲載のサンプルファイルは、インプレス社のサイトにて配布しています（191ページ参照）。生成AIが作るプログラムは、プロンプトがまったく同じでも、完全に同じにはなりません。そのため、生成したプログラムを実行する代わりに、サンプルのプログラムファイルを読み込んで実行してください（97、131などのページを参照）。

特別付録ふりがな「ナシ！」プログラム

　プログラムを理解する早道は、ただ読むだけでなく実際に手を動かすことです。そこで、特別付録としてふりがな「ナシ！」プログラムをサンプルファイルとあわせて配布しています。書籍内の指示があるところ（103、142、162、179ページ）では、ふりがな「ナシ！」プログラムを印刷して、実際にふりがなを振ってみてください。

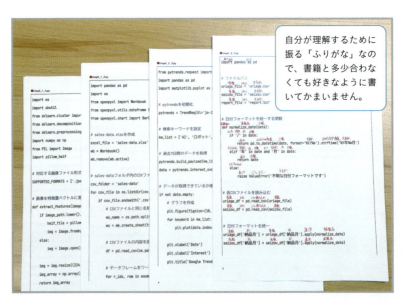

自分が理解するために振る「ふりがな」なので、書籍と多少合わなくても好きなように書いてかまいません。

Chapter

1

「Pythonと生成AIでDXして！」

といわれて

NO. 01 緊急指令！PythonでDXせよ！

MISSION！

○○部　久里田A太郎、山岡B子

新人の両名に**「PythonでDX特務プロジェクト」**への参加を命ず。これから与えるさまざまなミッションを、Pythonを使って自動化し、わが社の業務効率化（すなわちDX！）に貢献せよ。

　　　　　　　　　　　　　　　　　　　　　　　　　　以上、部長より

※詳しいことは**DX推進課長のPy田**さんに聞いてください！

> パ、パイソンでディーエックスってどういうこと？　B子ちゃん話聞いてる？

> 聞きたいのはこっちだよ。Pythonは学校でちょっと習ったけど、ほとんど覚えてないよ！

> うん、君たちは新人でそんなに忙しくないでしょ。だから特別チームに参加してもらうことに決まったんだ

> あっ、DX推進課長のPy田さんだ！　Py田さんだけが頼りです〜

ぼくは**明後日から出張**なんで、付き合えるのは1日だけだよ。あとは2人でがんばってね

なんでですか！　もうぜつぼーだ！

生成AIはプログラミングの助けになるか？

だいじょーぶ。頼れるアシスタントを置いていくよ。はい、**生成AI**〜〜〜

あ、最近話題の生成AI！　人間みたいに賢いんですよね〜。PythonやDXもできるんだ〜

だまされちゃダメよ！　この間、生成AIに書いてもらったレポートを提出したら、**全部デタラメ**だってすごい怒られたんだから！

あー、生成AIはうそをつくこともあるんで、使い方は要注意だね。でも、Pythonのような**プログラミング言語のプログラム**を書かせると、あんがい正確なんだ

AIだからプログラムは得意なんですかね

生成AIについては、「もう知ってる！　耳にタコができた！」という方も多いかもしれませんが、認識をすり合わせるために説明しておきましょう。

生成AIは文章や画像を生成する人工知能のことです。代表的なものに、OpenAIのChatGPTや、MicrosoftのCopilot、GoogleのGeminiなどがあります。人間が書いた大量の文章を学習して、「この単語の次に登場しそうな単語は何か」を予測して文章を作成します。

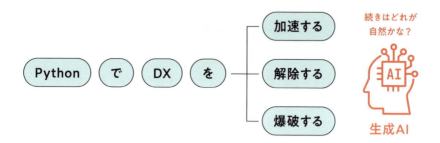

生成AIは、言葉の意味そのものは理解していないのですが、単語同士の関連性から自然につながる言葉を予測するため、人間のクセをうまくとらえた文章を生成できます。

生成AIがPythonのプログラム（スクリプトやソースコードとも呼ぶ）を生成できるのも同じ理屈です。プログラムも「言語を使って書かれた文章」には変わりないので、日本語や英語の文章と同じように、生成AIによって作り出せます。

プログラムも文章！　いわれてみれば目からウロコ

生成AIは意味を理解せずに文章を生成するため、デタラメな文章を作ってしまうことがあります（この現象をハルシネーションといいます）。プログラムの場合は、人間の文章ほど幅が広くないので、間違いを起こす確率は下がります。とはいえ、実行してみたらエラーが出て動かないこともよくあります。つまり、人間の側にも修正して動かせるようにする知識は必要です。生成AIのプログラムの意味を読解しなければいけません。

生成AIを使ってPythonの
プログラムを生成します。

ふりがなを振りながらプログラムを理解する

この本では、まずは生成AIを使ってプログラムを生成し、そこにふりがなを
振って読解する方法を解説します。どのように理解していくのか、流れを見て
みましょう。

次のプログラムは、生成AIにプロンプト（指示）を与えて作らせた、簡単
な表データ処理をするためのものです。たった4行ですが、今の段階では何
がなんだかわからないかもしれませんね。

プロンプト

次の仕事をするPythonのプログラムを生成してください。
###
meibo.csvから「first-name」列と「last-name」列を取り出して連結し、そ
れをname.txtとして保存してください。

生成

```python
import pandas as pd
df = pd.read_csv('meibo.csv')
df['name'] = df['first-name'] + ' ' + df['last-name']
df['name'].to_csv('name.txt', index=False, header=False)
```

2行目に注目して、読み解いてみます。

　Chapter 2で詳しく説明しますが、プログラム中のいくつかの記号は、読み解きの最初の手がかりです。例えば、「= （イコール）」は右側にあるものを左側に入れる命令です。「=」を中心に、文を右と左の2つに分けて読み解きます。

　名前とカッコが続いている部分は、なんらかの仕事をする命令で、関数（かんすう）といいます。また、「' （シングルクォート）」か「" （ダブルクォート）」で囲まれた部分は、文字データ（文字列）です。

　こうしてふりがなを振っていくと、各部分の役割や意味がうっすら見えてきます。次は名前から命令の意味を推測してみましょう。

　read_csv関数は、その名前から「CSVファイルを読み込め」という命令だと推測できます。それと「変数dfに入れる」を組み合わせると、次のような意味だと読み下せるはずです。

　他の行に対しても、似たような感じで読解していきます。

❶わかる範囲でふりがなを振って、変数、関数、数値、文字列などを区別
❷関数の名前をもとに、その働きを推測
❸❶と❷でわかったことを組み合わせて、各行を読み下す

ふりがな付きプログラムと読み下し文は次のようになります。今の段階では説明していないことが多いですが、なんとなく各部がどう働いているかは予想できるのではないでしょうか？

ふりがな付きプログラム

```
1  import pandas as pd
     取り込め  pandasモジュールとして  pd

2  df = pd.read_csv('meibo.csv')
   変数df 入れろ   csvを読み込め   文字列「meibo.csv」

3  df['name'] = df['first-name'] + ' '  +
   変数df 文字列「name」入れろ 変数df 文字列「first-name」 連結しろ 文字列「 」連結しろ
   df['last-name']
   変数df 文字列「last-name」

4  df['name'].to_csv('name.txt', index=False,
   変数df 文字列「name」CSVとして保存しろ 文字列「name.txt」  引数indexはFalse
   header=False)
   引数headerはFalse
```

読み下し文

1. **pandasモジュール**を**pd**として取り込め
2. **文字列「meibo.csv」**を指定してCSVファイルを読み込み、結果を**変数df**に入れろ
3. **変数df**の「first-name」列と**文字列「 」**と**変数df**の「last-name」列を連結して、**変数df**の「name」列に入れろ
4. **文字列「name.txt」**と「**引数indexはFalse**」と「**引数headerはFalse**」を指定して、**変数df**の「name」列をCSVとして保存しろ

他人が書いたプログラムを読み解くのは、王道の勉強方法だよ！

Chap. 1 「Pythonと生成AIでDXして！」といわれて

NO. 02 Pythonをインストールしよう

> まずはPythonでプログラムを書く環境を整えよう。
> **出張の準備**もあるんでサクッと終わらせたいな

> なんか急かされてます？ インストールはサクッと終わる程度には簡単なんですよね

Pythonをダウンロードする

　Pythonで書かれたプログラムを動かすには、それを解読してパソコンに指示を伝える**通訳プログラム（インタープリタ）**が必要です。公式サイト（https://www.python.org/downloads/）から無料で入手できます。

❶ブラウザで公式サイトを表示
❷［Download Python 3.x.x］をクリック

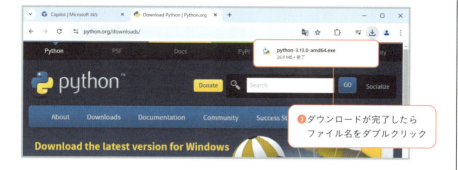

❸ ダウンロードが完了したら
ファイル名をダブルクリック

Pythonをインストールする（Windows）

　Pythonのインストールは、基本的に画面の表示にしたがって操作を進めていけば完了します。最初に表示される画面で、[Add python.exe to PATH] にチェックマークを付けるのを忘れないでください。サードパーティ製パッケージのインストールに必要です（85ページ参照）。

❶ [Add python.exe to PATH] にチェックマークを付ける

❷ [Install Now] をクリック

> [Add python.exe to PATH] にチェックマークを付けることだけ忘れないで。あとは見ているだけで終わるよ

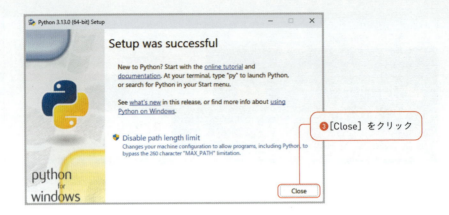

❸ [Close] をクリック

これでインストールは完了です。

古いバージョンのPythonをインストールするには

　本書ではPython 3.13.xというバージョンを使用しますが、それより新しいバージョンでも、大きな違いはありません。しかし、今後大きく変更されたときのために、旧バージョンをインストールする方法も説明しておきます。
　Python公式サイトのダウンロードページを下にスクロールしていくと、「Looking for a specific release?（特定のリリースを探していますか？）」と表示されます。その下の表から「Python 3.13.x」を探してクリックしてください。3番目の番号は細かなバグ修正などのマイナーアップデート番号なので、異なっていても大丈夫です。

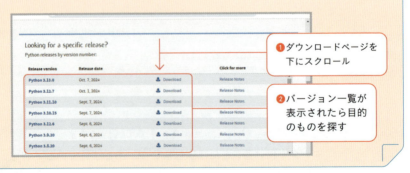

❶ ダウンロードページを下にスクロール

❷ バージョン一覧が表示されたら目的のものを探す

Macの場合は？

MacにはPython標準でインストールされています。しかしバージョンが古いこともあるので、公式サイトから最新バージョンをダウンロードすることをおすすめします。ダウンロードまでの手順はWindowsと同じです。ダウンロードしたファイルをダブルクリックすると、インストーラーが実行されます。

インストールが完了すると、[アプリケーション] フォルダ内に [Python 3.x] フォルダが作られます。Mac版のIDLE（20ページ参照）はここから起動してください。サードパーティ製パッケージ（83ページ参照）のインストール時にエラーが出る場合は、「Install Certificates.command」ファイルをダブルクリックしてSSL証明書をインストールしてみてください。

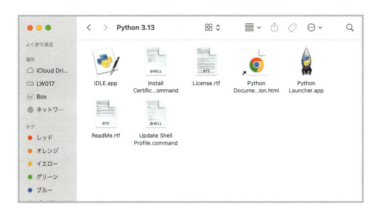

NO. 03 簡単なプログラムを動かしてみよう

早速なんですが、Pythonのプログラムの動かし方を教えてください

それじゃ、付属の**IDLE（アイドル）**というエディタを使って実行する方法を教えるよ

IDLEを起動する

　IDLEはPythonに付属する開発ツールで、プログラムを実行する「シェル」と、プログラムを書くための「エディタ」で構成されています。プログラムを書くためのツールはいろいろありますが、IDLEはPythonさえインストールすればすぐに使い始められる点が魅力です。

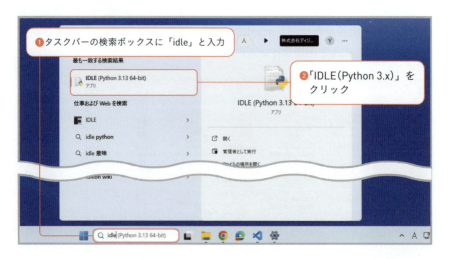

❶ タスクバーの検索ボックスに「idle」と入力

❷「IDLE（Python 3.x）」をクリック

タイトルバーに「IDLE Shell 3.13.x」と表示されているものは、シェルウィンドウです。Pythonのプログラムを1行ずつ実行できるので、命令を1行ずつ実行したいときなどは便利です。

エディタウィンドウを表示する

複数行のプログラムを編集し、あとで利用できるよう保存したい場合は、エディタウィンドウを利用します。エディタウィンドウは、シェルウィンドウのメニューから表示します。

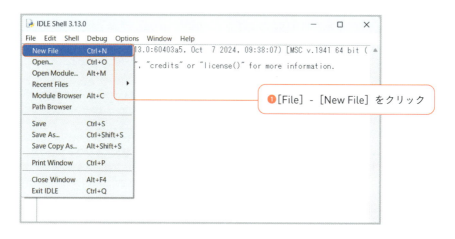

エディタウィンドウが表示されます。

同じウィンドウっぽいですが、よく見るとタイトルバーやメニューバーが違ってますね

プログラムを入力してみよう

エディタウィンドウを使って、プログラムを入力して実行するところまでをやってみましょう。次の1行をエディタウィンドウに入力してください。文字はすべて半角です。

chap1_3_1.py

表示しろ　　文字列「Hello」

```
1  print('Hello')
```

❶エディタウィンドウにプログラムを入力

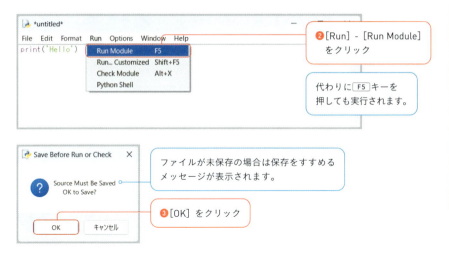

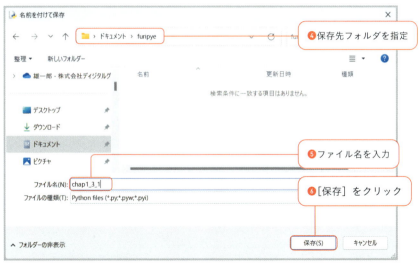

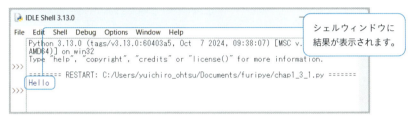

　プログラムの意味はChapter 2で説明します。ひとまずここでは「Hello」と表示されれば成功です。

NO. 04 生成AIでプログラムを生成しよう

> 次は生成AIでプログラムを生成する方法を説明するよ。種類がいろいろあるけど、今回は**Copilot**を使ってみよう

> **プロンプト**ってやつを入力するんですよね！やってやりますよー！

さまざまな生成AIサービス

　生成AIの本体はインターネット上に置かれていて、Webブラウザか専用アプリを使って利用します。次の表に代表的な生成AIサービスを示します。

代表的な生成AIサービス

サービス	運営	URL
ChatGPT	OpenAI	https://openai.com/ja-JP/chatgpt
Microsoft Copilot	Microsoft	https://copilot.microsoft.com
Microsoft 365 Copilot	Microsoft	https://www.microsoft365.com/chat
Gemini	Google	https://gemini.google.com/?hl=ja

※ Microsoft 365 Copilotは企業向けの有料サービスです。

　Microsoft 365 Copilot以外は無料で利用できますが、たいていは利用回数や機能に制限があります。フル機能を利用するには、有料登録が必要になることが多いです。
　Pythonのプログラムは、どの生成AIサービスを利用しても生成できます。この本ではMicrosoft Copilotを利用しますが、皆さんは他のサービスを使っ

てもかまいません。

　また、すべての生成AI共通の注意点として、プロンプトが完全に同じであっても、回答結果は実行するたびに少しだけ変化します。本書の結果と違いすぎると学習しにくいので、本書執筆時に生成されたプログラムをサンプルファイルとして収録しています（8、191ページ参照）。

Pythonのプログラムを生成する

　生成AIはラフな指示でも理解してくれますが、要点をおさえた明確な指示にしたほうが、意図どおりの結果を出します。

　本書では次の形式に沿って、プロンプトを書くことにしました。

● 1行目で「Pythonのプログラムを生成して」と伝える
● ###で区切って、そのあとにプログラムに行わせたい仕事を書く
● 細かい注意点がある場合は、その下に箇条書きで列挙する

　プロンプトの一般的な作法として、「#」などの記号をプロンプトの区切りや、見出しの先頭文字として使用します。「#」の数は適当でかまいません。

　それでは実際にプログラムを生成してみましょう。

プロンプト

> 次の仕事をするPythonのプログラムを生成してください。
> ###
> meibo.csvから「first-name」列と「last-name」列を取り出して連結し、それをname.txtとして保存してください。

　このプログラムは、名簿のCSVファイル（カンマ区切りファイル）を読み込んで、姓（last-name）と名（first-name）を取り出し、それらを連結して別のテキストファイルに保存します。

　名簿ファイルのmeibo.csvは、次のように「first-name」列と「last-name」列を持つものを想定しています。

Chap.
1

「Pythonと生成AIでDXして！」といわれて

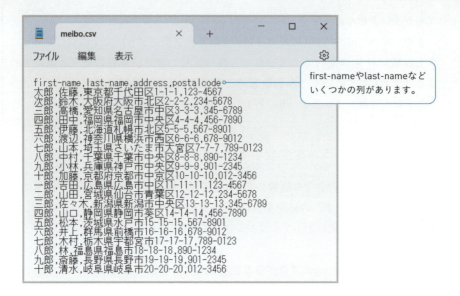

first-nameやlast-nameなどいくつかの列があります。

　Webブラウザで Copilot のページ（https://copilot.microsoft.com）を表示します。
　Copilot の入力ボックスに次のプロンプトを入力してください。Enter キーを押すとプロンプトが実行されてしまうので、プロンプトの途中で改行したいときは Shift + Enter キーを押します。

❶［Copilot へメッセージを送る］をクリック

　生成されたプログラム上の［コピー］をクリックすると、プログラムがクリップボードに保管されます。15ページで例として見せたプログラムとほとんど同じものですが、参考までに全体像を掲載しておきます。

chap1_4_1.py

```python
import pandas as pd

# meibo.csvを読み込む
df = pd.read_csv('meibo.csv')

# 「first-name」列と「last-name」列を連結して「name」列を作成
df['name'] = df['first-name'] + ' ' + df['last-name']

# 「name」列のみをname.txtに保存
df['name'].to_csv('name.txt', index=False, header=False)

print("name.txtに名前を保存しました。")
```

プログラムをIDLEで実行する

　プログラムをIDLEで実行しましょう。21ページで説明したように、新規のエディタウィンドウを開き、そこにプログラムを貼り付けます。貼り付け方法は、一般的なテキストエディタと同じです。Ctrl＋Vキー（MacではcommandキーとVキー）を押すか、メニューから［Edit］-［Paste］を選択します。

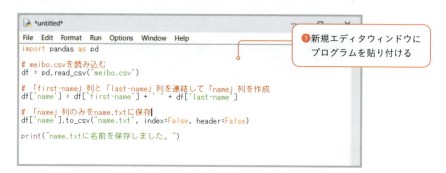

❶新規エディタウィンドウにプログラムを貼り付ける

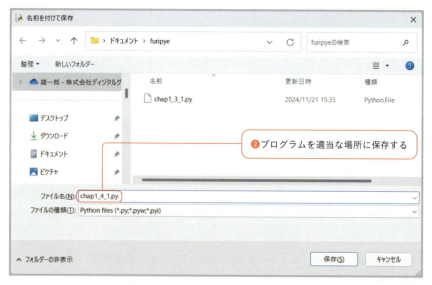

❷プログラムを適当な場所に保存する

　プログラムの保存場所はどこでもかまいませんが、**meibo.csvと同じ場所に置く**ようにしてください。ここではドキュメントフォルダ内に［furipye］フォルダを作って、そこに「chap1_4_1.py」という名前で保存します。

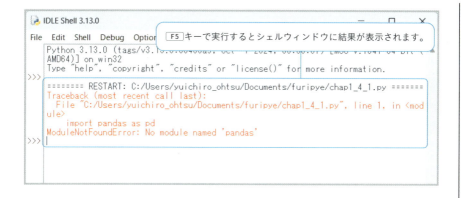

赤い文字が出ましたが、成功してるんですか？

赤い文字は**エラーメッセージ**だね

要するに失敗じゃないですか！　生成AIにウソつかれた！

　実は、このプログラムはpandas（パンダス）という**サードパーティ製パッケージ**をインストールしないと動きません。シェルウィンドウに表示された**「ModuleNotFoundError: No module named 'pandas'」**というエラーメッセージは、「pandasが見つからない」ことを示しています。

　サードパーティ製パッケージをインストールするのが正攻法の解決策なのですが（83ページ参照）、別のやり方で解決することもできます。[Copilotへメッセージを送る]をクリックして、**「pandasを使わないプログラムに変更してください。」**というプロンプトを実行してみてください。

今度のプログラムはpandasを使用しないものになっています。

chap1_4_2.py

```python
import csv

# 入力ファイルと出力ファイルのパス
input_file = 'meibo.csv'
output_file = 'name.txt'

# CSVファイルを読み込み、名前を連結して保存
with open(input_file, 'r', encoding='utf-8') as infile, open(output_file, 'w', encoding='utf-8') as outfile:
    reader = csv.DictReader(infile)
    for row in reader:
        full_name = f"{row['first-name']} {row['last-name']}"
        outfile.write(full_name + '\n')

print("name.txtに名前を保存しました。")
```

再びIDLEのエディタウィンドウに貼り付けて実行してみましょう。

❶新規エディタウィンドウに
プログラムを貼り付けて実行

シェルウィンドウに
結果が表示されました。

　今度は成功したようです。このプログラムはファイルを生成するものなので、フォルダを開いて確認しましょう。

name.txtが保存されています。

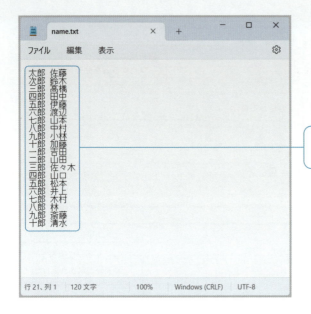

name.txtには名前だけが保存されています。

今度は成功だね！　やればできるじゃないですか！

こういう名簿の整理って手作業だと地味に面倒だから、業務効率化になっているね！

結果が気に入らなければプロンプトを変更してもいいし、Pythonを勉強して自分でプログラムを書き換えてもいい。**生成AIとプログラミングを組み合わせる**ことで、選択肢が広がっているってわけだ

Chapter

2

「1日でPythonの 基礎を身に付けて!」

といわれて

NO. 01 覚えてほしいPythonの基礎には何がある？

さっそくだけどPythonの基礎を覚えてもらうよ。1日しかないからサクサク行こう！

そもそも1日で覚えるなんてムリじゃないですかー？期待の新人がつぶれちゃいますよう

自分でゼロから書くんじゃなく、生成AIが作ったプログラムを読み解く力が付けばいいんだから、大まかに覚えるだけで十分だよ

Chapter 2で覚えてほしいPythonの基礎

テーマ	説明
変数と代入（2-2参照）	データを記憶する方法
演算子と式（2-2参照）	計算する方法
関数の利用（2-3参照）	命令を呼び出す方法。引数、戻り値など
分岐（2-4参照）	条件に応じて、実行する処理を変える
繰り返し（2-5参照）	同じ処理を繰り返し実行する
リスト、タプル、辞書（2-6参照）	大量のデータをまとめる方法
関数定義（2-7参照）	関数を自作する方法
オブジェクトの利用（2-8参照）	データと命令が一体になったオブジェクトの使い方
モジュールのインポート（2-9参照）	標準ライブラリから関数などを読み込む方法

いきなり個々の説明に入ると混乱しそうだから、先に全体像を説明するよ

基礎の基礎――「変数」「演算子」「関数の利用」

データを一時的に記憶するための変数（へんすう）と、計算に使う記号の演算子（えんざんし）は基礎の基礎です。また、Pythonの命令に当たる関数（かんすう）の使い方も早めに覚えたいルールです。

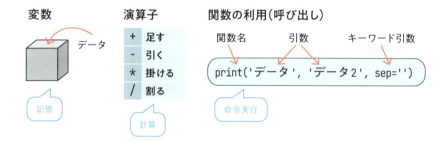

プログラムの流れを変える――「条件分岐」と「繰り返し」

プログラムの流れを変える文法を制御構文といい、「順次」「分岐（条件分岐）」「反復（繰り返し）」の3種類があります。

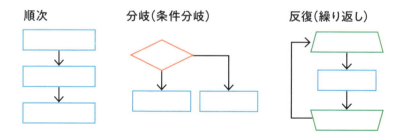

例えば「100件の名簿から、西日本のものだけを表示する」といった処理を行うには、分岐と反復を組み合わせた処理を行います。

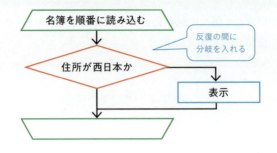

大量のデータをまとめる──「リスト」「タプル」「辞書」

名簿のように、件数が数十〜数百もありそうなデータを扱う場合は、**リスト**、**タプル**、**辞書**などのデータ形式を利用します。

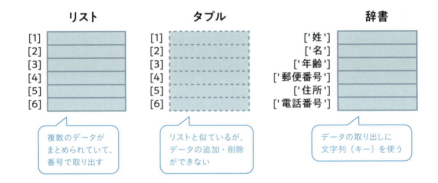

リストとタプルって同じに見えますね。「追加・削除ができない」って意味あるんですか？

それはみんな最初に感じる疑問だね。でも、そういうものだと覚えたほうが早いかも

「関数定義」「オブジェクト」「インポート」

より実践的なプログラムで必要となる、3つのルールを覚えましょう。

関数定義は、関数を自作することです。何度も実行する処理を関数にまとめることで、プログラムがわかりやすくなるなどのメリットがあります。

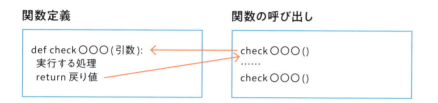

オブジェクトは、変数と関数が一体になったものです。オブジェクトに所属する関数は**メソッド**と呼びます。

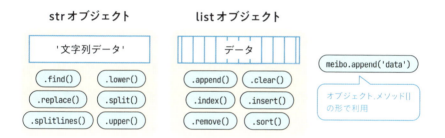

インポートは、他のプログラムを取り込むことです。標準ライブラリの機能を利用するには、先に**モジュール**をインポートする必要があります。

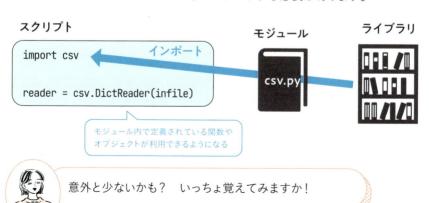

意外と少ないかも？　いっちょ覚えてみますか！

NO. 02 変数と計算のやり方を覚えよう

最初は基礎中の基礎、データを記憶する「変数」と、「演算子」を使った計算式の書き方を覚えよう

「データを記憶」ってファイルに保存するみたいなことですか？

そういう長期的な記録じゃなくて、もっと一時的な記録だね。プログラムの中のある行から他の行にデータを渡すために使うんだ

変数を作ってデータを入れる

　変数（へんすう）はデータ（値とも呼ぶ）の入れ物です。半角アルファベットや数字を組み合わせた変数名を決め、そこに**「=（イコール）」**記号でデータを入れます。すると、それ以降はその変数がデータの代わりに使えるようになります。

「変数=値」という書き方の文を**代入文（だいにゅうぶん）**といいます。

次のプログラムは、textという名前の変数に、「ハロー！」という**文字列**を入れ、変数textを表示します。文字列とは文字データのことで、「**'（シングルクォート）**」か「**"（ダブルクォート）**」で囲みます。

chap2_2_1.py

```
          変数text 入れろ  文字列「ハロー！」
1    text = 'ハロー！'
          表示しろ   変数text
2    print(text)
```

読み下し文

```
1    文字列「ハロー！」を変数textに入れろ
2    変数textを表示しろ
```

実行すると、1行目で変数textに入れた「ハロー！」が、2行目のprint関数で表示されます。

```
IDLE Shell 3.13.0
File Edit Shell Debug Options Window Help
Python 3.13.0 (tags/v3.13.0:60403a5, Oct  7 2024, 09:38:07) [MSC v.1941 64 bit (AMD64)] on win32
Type "help", "copyright", "credits" or "license()" for more information.
>>>
======== RESTART: C:/Users/yuichiro_ohtsu/Documents/furipye/chap2_2_1.py ========
ハロー！
>>>
```

やってることはなんとなくわかりますけど、「print('ハロー！')」じゃダメなんですか？

これは変数の説明のための例。1行目から2行目にデータが渡されることを理解してほしい

演算子を使って計算する

　計算したいときは**演算子（えんざんし）**という記号を使って**式**を書きます。式の書き方は学校で習うものとほぼ同じです。足し算と引き算より、掛け算と割り算が優先されます。また、カッコで囲んだ部分はさらに優先されます。

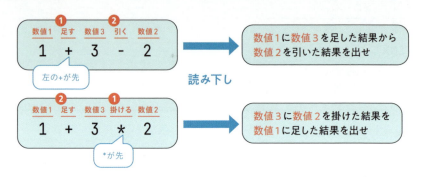

計算のための演算子

演算子	働き	例
+（プラス）	足す	3 + 2　→結果は5
-（マイナス）	引く	3 - 2　→結果は1
*（アスタリスク）	掛ける	3 * 2　→結果は6
/（スラッシュ）	割る	3 / 2　→結果は1.5
//（スラッシュ2つ）	切り捨て割り算	3 // 2　→結果は1
%（パーセント）	割った余り	3 % 2　→結果は1
**	べき乗	3 ** 2　→結果は9

　プログラムを書いて試してみましょう。

chap2_2_2.py

```
print(2 + 10 + 5)
print(2 + 10 * 5)
```

読み下し文

1 **数値2**に**数値10**を足した結果に**数値5**を足した結果を表示しろ
2 **数値10**に**数値5**を掛けた結果を**数値2**に足した結果を表示しろ

```
IDLE Shell 3.13.0                                    —   □   ×
File  Edit  Shell  Debug  Options  Window  Help
Python 3.13.0 (tags/v3.13.0:60403a5, Oct  7 2024, 09:38:07) [MSC v.1941 64 bit (
AMD64)] on win32
Type "help", "copyright", "credits" or "license()" for more information.
========= RESTART: C:/Users/yuichiro_ohtsu/Documents/furipye/chap2_2_2.py =======
17
52
>>>
```

これだけなら簡単ですね。次は変数と計算を組み合わせた、少しだけ実践的なプログラムを見てみましょう。

chap2_2_3.py

```python
width = 5
depth = 3
height = 4
area = width * depth
volume = area * height
print(f'面積は {area}')
print(f'体積は {volume}')
```

- 変数width 入れろ 数値5
- 変数depth 入れろ 数値3
- 変数height 入れろ 数値4
- 変数area 入れろ 変数width 掛ける 変数depth
- 変数volume 入れろ 変数area 掛ける 変数height
- 表示しろ フォーマット済み文字列「面積は{area}」
- 表示しろ フォーマット済み文字列「体積は{volume}」

読み下し文

1 **数値5**を**変数width**に入れろ

2	数値3を変数depthに入れろ
3	数値4を変数heightに入れろ
4	変数widthに変数depthを掛けた結果を変数areaに入れろ
5	変数areaに変数heightを掛けた結果を変数volumeに入れろ
6	フォーマット済み文字列「面積は{area}」を表示しろ
7	フォーマット済み文字列「体積は{volume}」を表示しろ

プログラムを実行すると次のように表示されます。

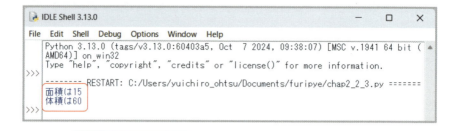

あれ？ はじめて見る長いプログラムなのに、なんとなく面積と体積を求めてるってわかった……。まさか、わたし超能力に目覚めた？

それは変数名のおかげだと思うよ。widthは幅、depthは奥行、heightは高さで、それらを掛けてるから面積や体積の計算だよね

「'」の前に「f」が付いてるのはなぜですか？

文字列のクォートの前に「f」を付けると、フォーマット済み文字列(f-strings)になります。フォーマット済み文字列には、「{ }（波カッコ）」で囲んだ変数を含めることができます。結果を表示するときによく使われます。

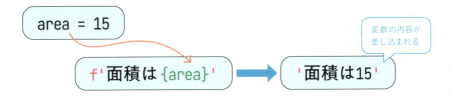

イコール記号より左と右に分ける

　プログラムを読み解くときは、まず「=」に注目しましょう。**「=」より左**は変数など「入れられる側」、**「=」より右**は「入れる側」、つまり値や式など、結果のデータを出す部分です。「=」を目安に左右に分けてから、それぞれを読解していきます。

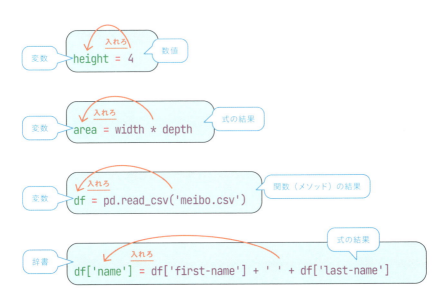

※辞書については62ページで説明

「=」より左と、「=」より右に分けることで、文全体の構造が理解しやすくなる。読解の最初の手がかりだ

NO. 03 関数の呼び出し方を覚えよう

表示や変換などの処理を行いたいときは、「関数」という命令を使うんだ。関数を実行することを **呼び出す (Call)** というよ

なんで「呼び出す」なんでしょうね？

電話を掛けて「お願いしまーす」って呼び出すイメージから来てるんじゃないかな

関数と引数

名前のあとにカッコが来る場合、それは **関数（かんすう）** です。カッコ内には処理に必要なデータなどを書きます。これを **引数（ひきすう）** といい、**「,（カンマ）」** で区切って複数書くことができます。

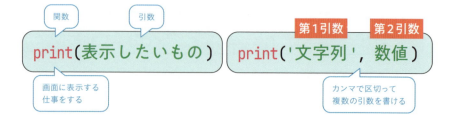

「引数名=値」の形で書くものを、**キーワード引数** といいます。

一般的にキーワード引数は、補助的な設定をするために使います。print関数の場合は、複数のデータの区切り文字や行末文字を設定できます。

> キーワード引数の「=」を、代入文の「=」と取り違えないよう注意だ。**カッコ内の「=」は代入じゃない**と覚えておこう

実際のプログラムで試してみましょう。

chap2_3_1.py

```
print('ハロー！', 10, 3.5)
print('ハロー！', 10, 3.5, sep=':')
```

読み下し文

1. 文字列「ハロー!」と数値10と数値3.5を表示しろ
2. 文字列「ハロー!」と数値10と数値3.5を文字列「:」で区切って表示しろ

実行すると、3つのデータが表示されます。引数sepを指定しない場合は半角スペース区切りで、指定した場合はその文字で区切って表示します。

```
IDLE Shell 3.13.0
Python 3.13.0 (tags/v3.13.0:60403a5, Oct  7 2024, 09:38:07) [MSC v.1941 64 bit (AMD64)] on win32
Type "help", "copyright", "credits" or "license()" for more information.
>>> 
========= RESTART: C:/Users/yuichiro_ohtsu/Documents/furipye/chap2_3_1.py =========
ハロー！ 10 3.5
ハロー！:10:3.5
>>> 
```

戻り値のある関数を使う

関数の中には**戻り値（もどりち）**という結果を返すものがあります。戻り値は変数に入れたり、他の関数の引数にしたりして利用します。

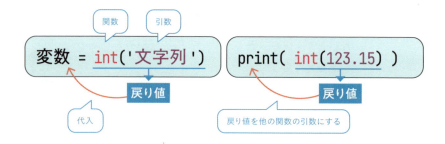

例として int関数 を使ったプログラムを見てみましょう。int関数は、引数が「数字の文字列」なら整数に変換して返し、小数点以下を含む実数なら切り捨てて実数を返します。

chap2_3_2.py

```
1  val = int('23') * 3
2  print(val)
```

変数val 入れろ　整数化　文字列「23」掛ける　数値3
表示しろ　変数val

読み下し文

1　文字列「23」を整数化して数値3を掛けた結果を変数valに入れろ
2　変数valを表示しろ

実行すると、文字列「23」が整数の23に変換され、それに3を掛けるので69と表示されます。

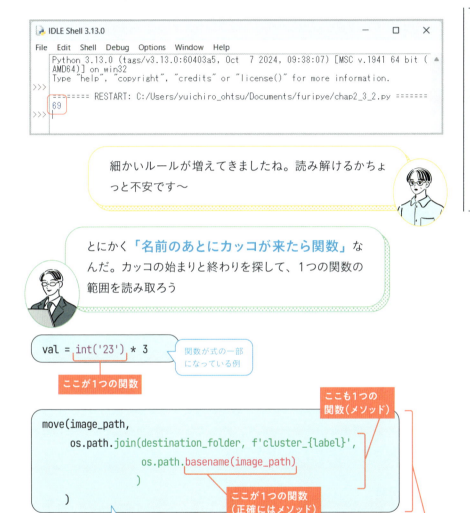

※メソッドについては75ページで説明

NO. 04 分岐で処理を変える方法を覚えよう

ここからは「制御構文」を説明するよ。制御構文はプログラムの流れを変えるものだ。「雨が降ったら傘を差す」みたいに、**特定の条件を満たす場合だけ処理を実行したい**場合は、**「分岐」**構文を使うんだ

雨が降ったら地が固まるとかも分岐ですか？

それはどうだろう？　自然現象だとどうもプログラムっぽくないね

if文と条件式

ここまでのプログラムは、上の行から下に向かって順番に実行されていました。このような構造を**順次**といいます。**分岐**では、条件が満たされた場合と満たされない場合で、処理を切り替えます。

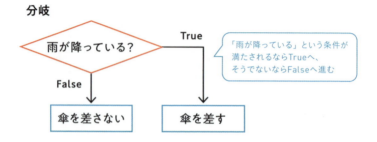

「雨が降っている」という条件が満たされるならTrueへ、そうでないならFalseへ進む

分岐はif（イフ）文を使用します。else（エルス）節やelif（エルイフ）節を加えることで、分岐を増やすことができます。

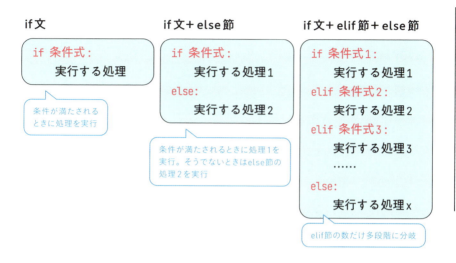

分岐の条件は、比較演算子という記号を使った式で書きます。比較演算子は計算結果として、True（トゥルー）またはFalse（フォルス）という値を返します。日本語では「真」「偽」ともいいます。

比較演算子

演算子	働き	例
<	左辺は右辺より小さい	a < b
<=	左辺は右辺以下	a <= b
>	左辺は右辺より大きい	a > b
>=	左辺は右辺以上	a >= b
==	左辺と右辺は等しい	a == b
!=	左辺と右辺は等しくない	a != b
in	左辺は右辺に含まれる	a in b
not in	左辺は右辺に含まれない	a not in b

if文だけの分岐を書く

実際にプログラムを書いてみましょう。まずはif文のみの分岐です。テストの成績（score）を見て、赤点（fail）より下かを判定します。

chap2_4_1.py

```
1  score = 25
2  average = 45
3  fail = 30
4  if score < fail:
5      print('赤点です')
```

（注釈）
- 変数score 入れろ 数値25 → `score = 25`
- 変数average 入れろ 数値45 → `average = 45`
- 変数fail 入れろ 数値30 → `fail = 30`
- もしも 変数score 小さい 変数fail 真なら以下を実行せよ → `if score < fail:`
- 4字下げ 表示しろ 文字列「赤点です」 → `print('赤点です')`

if文で実行したい処理は、行頭に**半角スペースを4字分**入れてください。この行頭字下げを**インデント**、字下げされている範囲を**ブロック**といいます。IDLEでは Tab キーを押してインデントできます。

読み下し文

1　数値25を変数scoreに入れろ
2　数値45を変数averageに入れろ
3　数値30を変数failに入れろ
4　もしも「変数scoreが変数failより小さい」が真なら以下を実行せよ
5　　　文字列「赤点です」を表示しろ

実行すると、変数scoreに25、変数averageに45、変数failに30が入ります。変数scoreは変数failより小さいため、条件が満たされて「赤点です」と表示されます。

```
IDLE Shell 3.13.0                                        —    □    ×
File  Edit  Shell  Debug  Options  Window  Help
    Python 3.13.0 (tags/v3.13.0:60403a5, Oct  7 2024, 09:38:07) [MSC v.1941 64 bit (
    AMD64)] on win32
    Type "help", "copyright", "credits" or "license()" for more information.
>>>
    ========= RESTART: C:/Users/yuichiro_ohtsu/Documents/furipye/chap2_4_1.py =======
    赤点です
>>>
```

if文とelse節で2分岐する

if文のみだと条件を満たさないときは何も実行されず、if文のあとに進みます。条件を満たさないときも何か処理をさせたい場合は、else節を追加します。

chap2_4_2.py

```
1   score = 65
2   average = 45
3   fail = 30
4   if score < fail:
5       print('赤点です')
6   else:
7       print('赤点はまぬがれました')
```

else節で実行したい処理も、行頭を半角スペース4字分インデントします。

読み下し文

```
1   数値65を変数scoreに入れろ
2   数値45を変数averageに入れろ
3   数値30を変数failに入れろ
4   もしも「変数scoreが変数failより小さい」が真なら以下を実行せよ
5       文字列「赤点です」を表示しろ
6   そうでなければ以下を実行せよ
7       文字列「赤点はまぬがれました」を表示しろ
```

今回、変数scoreには65が入っています。そのため、if文の条件の「変数scoreが変数failより小さい」は満たされません。else節に進み、「赤点はまぬがれました」と表示されます。

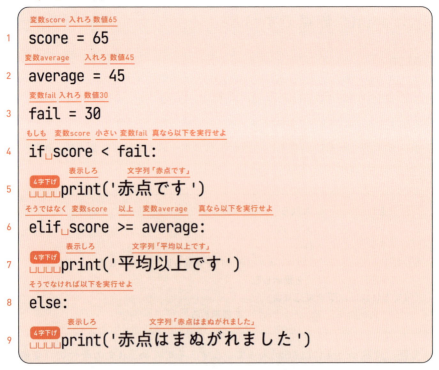

elif節で3段階以上に分岐する

3段階以上に分岐したい場合は、elif節を追加します。elifは「else if」の略で、「そうではなくもしも〜」といった意味になります。elif節はif文とelse節の間にいくつでも追加できます。

chap2_4_3.py

```
1  score = 65
2  average = 45
3  fail = 30
4  if score < fail:
5      print('赤点です')
6  elif score >= average:
7      print('平均以上です')
8  else:
9      print('赤点はまぬがれました')
```

読み下し文

1　数値65を変数scoreに入れろ
2　数値45を変数averageに入れろ
3　数値30を変数failに入れろ
4　もしも「変数scoreが変数failより小さい」が真なら以下を実行せよ
5　　　文字列「赤点です」を表示しろ
6　そうではなく「変数scoreが変数average以上」が真なら以下を実行せよ
7　　　文字列「平均以上です」を表示しろ
8　そうでなければ以下を実行せよ
9　　　文字列「赤点はまぬがれました」を表示しろ

今回も変数scoreには65が入ります。if文の「score < fail」という条件は「65 < 30」なので満たされないため、次のelif節に進みます。「score >= average」という条件は「65 >= 45」なので満たされるため、「平均以上です」と表示されます。

```
Python 3.13.0 (tags/v3.13.0:60403a5, Oct  7 2024, 09:38:07) [MSC v.1941 64 bit (AMD64)] on win32
Type "help", "copyright", "credits" or "license()" for more information.
>>> 
======== RESTART: C:/Users/yuichiro_ohtsu/Documents/furipye/chap2_4_3.py ========
平均以上です
>>> 
```

if文は人間が考えるときの流れに近いから、初学者でも比較的つまずきにくいはずだ。ただし、条件式を考えるのはちょっと難しい

「雨が降ったら」という条件の式はどう書くんですか？

パソコンに降雨センサーをつないで、入力信号が一定より上か下かみたいな判定をするかな？　いずれにしても最終的には条件式になるよ

NO. 05 繰り返し文を覚えよう

> 繰り返し文も制御構文の一種。同じ処理を何度も実行したいときに使うよ。**for文**と**while文**の2種類がある

> どういうときに使うんですか？

> 名簿データを先頭から順に処理する場合とか、使いどころはたくさんあるよ。業務の自動化の基礎になるものだと考えてほしいね

for文による回数が決まった繰り返し

　業務を自動化するためには、繰り返し文の使いこなしが欠かせません。例えば、表データを1行ずつ読み込んで処理する、複数の画像ファイルを次々と加工する、といった処理を行う場合は、繰り返し文を書きます。

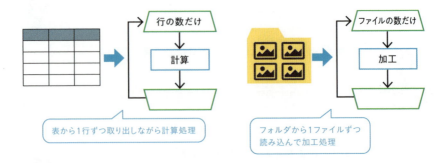

表から1行ずつ取り出しながら計算処理

フォルダから1ファイルずつ読み込んで加工処理

　繰り返し文にはfor文とwhile文があり、繰り返す回数が決まっている場合は、

for（フォー）文を使います。for文は複数データを入れたリスト（62ページ参照）と組み合わせて使うか、数列を生成するrange（レンジ）関数と組み合わせます。リストはあとで説明するので、ここではrange関数との組み合わせ方を説明します。

for文とrange関数を組み合わせた書き方は次のとおりです。

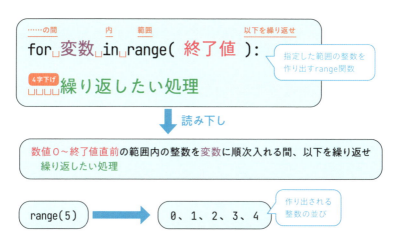

range関数の引数に「終了値」を指定すると、終了値の回数だけ処理が繰り返されます。その際に0〜終了値直前の整数が生成され、for〜inの間の変数に1つずつ入ります。

非常に簡単な例で試してみましょう。

chap2_5_1.py

```
for cnt in range(10):
    print(f'{cnt}回目のハロー！')
```

読み下し文

1 数値0〜数値10直前の範囲内の整数を変数cntに順次入れる間、以下を繰り返せ
2 　　フォーマット済み文字列「{cnt}回目のハロー！」を表示しろ

実行すると、range関数によって0〜9の整数が生成され、それが順番に変数cntに入ります。変数cntをフォーマット済み文字列「{cnt}回目のハロー！」に差し込むので、次のように10個の文字列が表示されます。

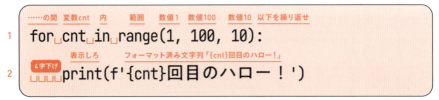

開始値とステップ値を繰り返す

　range関数は、終了値の他に開始値とステップ値の引数を指定できます。こちらも試してみましょう。

chap2_5_2.py

```
for cnt in range(1, 100, 10):
    print(f'{cnt}回目のハロー！')
```

読み下し文

1 数値1〜数値100直前の範囲内で数値10おきの整数を変数cntに順次入れる間、以下を繰り返せ
2 　　フォーマット済み文字列「{cnt}回目のハロー！」を表示しろ

　range関数に3つの引数を指定した場合、第1引数は開始値、第2引数は終了値、第3引数はステップ値になります。つまりrange(1, 100)で1〜99の整数が生成されます。今回はステップ値に10を指定しているので、生成される整

数は10おきになります。

```
IDLE Shell 3.13.0
File Edit Shell Debug Options Window Help
Python 3.13.0 (tags/v3.13.0:60403a5, Oct  7 2024, 09:38:07) [MSC v.1941 64 bit (
AMD64)] on win32
Type "help", "copyright", "credits" or "license()" for more information.
>>> 
========= RESTART: C:/Users/yuichiro_ohtsu/Documents/furipye/chap2_5_2.py =======
1回目のハロー！
11回目のハロー！
21回目のハロー！
31回目のハロー！
41回目のハロー！
51回目のハロー！
61回目のハロー！
71回目のハロー！
81回目のハロー！
91回目のハロー！
>>>
```

10回とか100回繰り返す方法はわかりました。でも、これで表とかフォルダ内のファイルとかを繰り返し処理できるんですか？

せっかちだね。for文のinのあとには、ファイル読み込み用の関数や、表データを書くこともできるんだ。Chapter 5で使用例を見せるよ。

while文による条件が満たされる間の繰り返し

while（ホワイル）文は、条件式が満たされる間、処理を繰り返す文です。例えば、「予算がゼロになるまで買い物をする」という繰り返し処理では、途中で何を買うかによって繰り返し回数が変わります。このように、回数が決まっていない繰り返し処理を行う場合は、for文ではなくwhile文を使います。

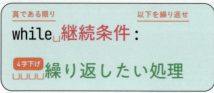

while文を使って、ローンの返済シミュレーションのプログラムを書いてみましょう。条件は次のとおりとし、支払うたびに残高に対して毎月の利息が上乗せされることとします。

- 借入金額（loan）：100万円
- 返済額（repayment）：20万円
- 月利（interest）：0.02

chap2_5_3.py

```python
loan = 1_000_000
repayment = 200_000
interest = 0.02
while loan > repayment:
    loan -= repayment
    loan += loan * interest
    print(f'{repayment:,}払って残り{loan:,.0f}')
```

読み下し文

1　数値1_000_000を変数loanに入れろ

```
2    数値200_000を変数repaymentに入れろ
3    数値0.02を変数interestに入れろ
4    「変数loanは変数repaymentより大きい」が真である限り以下を繰り返せ
5        変数loanから変数repaymentを引いて入れろ
6        変数loanに、変数repayment掛ける変数interestを足して入れろ
7        フォーマット済み文字列「{repayment:,}払って残り{loan:,.0f}」を表示しろ
```

実行すると、毎月の返済額（repayment）と借入金額（loan）が表示されます。継続条件は「変数loanは変数repaymentより大きい」なので、借入金額が毎月の返済額を下回ったところで終了します。

```
IDLE Shell 3.13.0                                        ─   □   ×
File  Edit  Shell  Debug  Options  Window  Help
Python 3.13.0 (tags/v3.13.0:60403a5, Oct  7 2024, 09:38:07) [MSC v.1941 64 bit (
AMD64)] on win32
Type "help", "copyright", "credits" or "license()" for more information.
>>>
========== RESTART: C:/Users/yuichiro_ohtsu/Documents/furipye/chap2_5_3.py =======
200,000払って残り816,000
200,000払って残り628,320
200,000払って残り436,886
200,000払って残り241,624
200,000払って残り42,457
```

このプログラムでは、while文以外にいくつか新しいPythonの文法を使用しています。

1〜2行目では、桁の多い数値を読みやすくするために、「_（アンダーバー）」で3桁区切りしています。一般的に3桁区切りには「,（カンマ）」を使用しますが、Pythonは「,」を別の目的で使用するため、代わりに「_」を使います。

5〜6行目では「-=（マイナスとイコール）」「+=（プラスとイコール）」を使用しています。これらは、左辺の変数から右辺の値を足し引きする記号です。累算（るいさん）代入文という代入文の一種です。

累算代入文

記号	働き	例	同じ意味の式
+=	右辺を左辺に足して入れる	a += 10	a = a + 10
-=	右辺を左辺から引いて入れる	a -= 10	a = a - 10
*=	右辺を左辺に掛けて入れる	a *= 10	a = a * 10
/=	右辺で左辺を割って入れる	a /= 10	a = a / 10

7行目のフォーマット済み文字列では、新しい記法を2つ使っています。「{変数名:,}」は数値を「,」で3桁区切りする指示です。「{変数名:,.0f}」は3桁区切りに加えて、小数点以下の桁数を0にしています。

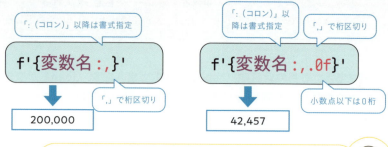

あれ？ なんかいきなり難しくないですか？

確かに！ 桁区切りのやり方とかはわかるけど、全体的に何が起きているのかよくわからない！

繰り返し文は**処理の流れがイメージしにくい**とはよくいわれるんだよね。図に書いて整理してみよう

今回のプログラムを流れ図にすると、次のとおりです。

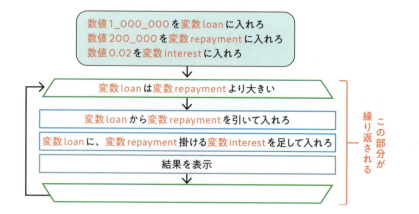

繰り返し文は折りたたまれた状態といえます。実行時はこれが繰り返しの数だけ展開されます。また、同時に変数の状態も変化していきます。

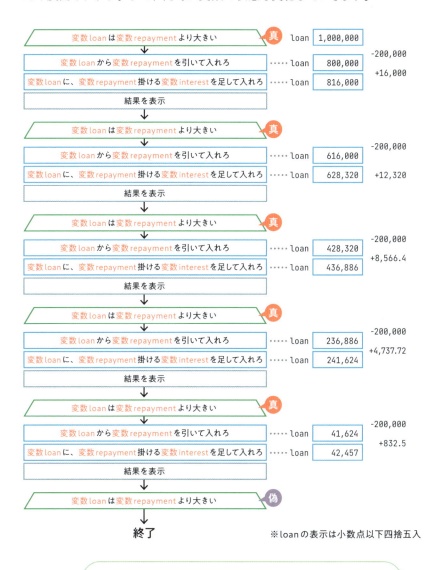

※loanの表示は小数点以下四捨五入

イメージできたかな？　繰り返し文で悩んだら、こんな感じに展開してみよう！

NO. 06 大量のデータをまとめる方法を覚えよう

名簿や売上日報など、大量のデータを処理するケースはよくあるよね。その場合に使うのが、大量のデータを記憶する「データ構造」だ。主なものに**リスト**、**タプル**、**辞書**の3つがある

どーして3つもあるんですか？

「主なもの」だから、本当は3つよりたくさんある。それぞれ長所が違うよ

リストと辞書の違い

リストと辞書の違いは、同質のデータを扱うか、異質なデータを扱うかの違いです。

リスト

[1]	社員Aのデータ
[2]	社員Bのデータ
[3]	社員Cのデータ
[4]	……
[5]	……
[6]	……

同質のデータが並んだ構造

辞書

['社員番号']	1103
['名前']	久里田A太郎
['年齢']	24
['メールアドレス']	kurita@○○○.co.jp
['住所']	埼玉県○○○
['電話番号']	080-xxxx-xxxx

異質なデータをまとめた構造

前の図のように、「社員のデータ」が並んでいる場合はリストを使い、「名前」「年齢」「メールアドレス」などをまとめる場合は辞書を使います。
　一般的によく使われる表形式のデータは行と列を持ちます。これをPythonで扱う場合は、リストの中に辞書を入れます。

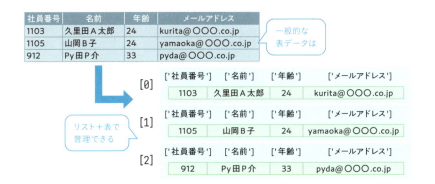

　もう1つのタプルは用途が少し異なるので、あとで説明します。

リストを使う

　リストを作るには、「[ ]（角カッコ）」の中にカンマ区切りでデータを列挙し、それを変数に入れます。

　また、空のリストを作って、あとからappend（アペンド）メソッドで中身を追加することもあります。

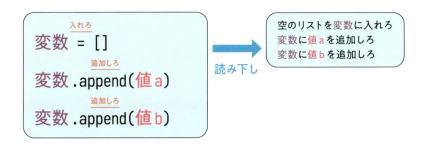

リストの中の1つのデータのことを**要素**といい、要素にアクセスしたい場合は、**インデックス**という番号を指定します。インデックスは**0から始まる**点に注意してください。

簡単なプログラムを書いて試してみましょう。

chap2_6_1.py

```
wdays = ['月', '火', '水', '木', '金']
print(wdays[1])
```

リストのインデックスは、「要素1」と読み下すことにします。

読み下し文

1. **リスト [文字列「月」, 文字列「火」, 文字列「水」, 文字列「木」, 文字列「金」] を変数wdaysに入れろ**
2. **変数wdaysの要素1を表示しろ**

実行すると、「月」「火」「水」「木」「金」の5つの文字列が入ったリストが作られ、変数wdaysに入ります。wdaysに対し、1というインデックスを指定するので、1番目の要素の「火」が表示されます。

辞書を使う

次は辞書を使ってみましょう。辞書は**キー**という文字列を使ってデータを取り出します。

辞書を作るには、全体を「**{ }（波カッコ）**」で囲み、その中にキーと値の組み合わせを「**:（コロン）**」で区切って列挙します。

辞書から値を取り出す際は、角カッコの中にキーを書きます。

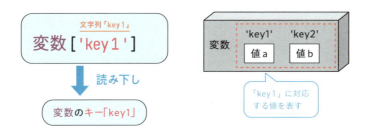

こちらもプログラムを書いて試してみましょう。名前と年齢のデータを辞書に入れます。

chap2_6_2.py

```
1  data = {'名前': '久里田A太郎', '年齢': 24}
2  print(data['名前'])
3  print(data['年齢'])
```

読み下し文

1　辞書 {キー「名前」と文字列「久里田Ａ太郎」, キー「年齢」と数値24} を変数 dataに入れろ
2　変数dataのキー「名前」を表示しろ
3　変数dataのキー「年齢」を表示しろ

```
IDLE Shell 3.13.0                                               —    □    ×

File  Edit  Shell  Debug  Options  Window  Help
    Python 3.13.0 (tags/v3.13.0:60403a5, Oct  7 2024, 09:38:07) [MSC v.1941 64 bit (
    AMD64)] on win32
>>> Type "help", "copyright", "credits" or "license()" for more information.

    ======== RESTART: C:/Users/yuichiro_ohtsu/Documents/furipye/chap2_6_2.py ========
    久里田A太郎
    24
>>>
```

リストと辞書を組み合わせる

　リストと辞書を組み合わせて、社員名簿のデータを記録してみましょう。1 行が長いとふりがな付きでは読みにくいので、プログラムのみを掲載します。

　リストの角カッコの中に、辞書の波カッコを列挙した構造です。リストの中 の辞書にアクセスするには、角カッコを続けて書きます。

chap2_6_3.py

```
1  meibo = [
2      {'社員番号': 1103, '名前': '久里田A太郎', '年齢': 24},
3      {'社員番号': 1105, '名前': '山岡B子', '年齢': 24},
4      {'社員番号': 912, '名前': 'Py田P介', '年齢': 33},
5  ]
6  print(meibo[1]['名前'])
7  print(meibo[2]['年齢'])
```

　6行目では、リストの要素1と辞書のキー「名前」を指定しているので、「山 岡B子」と表示されます。7行目では、リストの要素2と辞書のキー「年齢」を 指定しているので、「33」と表示されます。

```
IDLE Shell 3.13.0
Python 3.13.0 (tags/v3.13.0:60403a5, Oct  7 2024, 09:38:07) [MSC v.1941 64 bit (AMD64)] on win32
Type "help", "copyright", "credits" or "license()" for more information.
>>> 
======== RESTART: C:/Users/yuichiro_ohtsu/Documents/furipye/chap2_6_3.py ========
山岡B子
33
>>>
```

これじゃ私が33才に見えるじゃないですか！ ちゃんと全員の社員番号、名前、年齢を出しましょうよ！

そういうときは繰り返し文を使うといいよ

リストをfor文で処理しましょう。inのあとにリストを書く（正確には「リストが入った変数」を書く）のがポイントです。こうすると、リスト内から要素を1つずつ取得して、変数dataに入れながら繰り返し処理が行われます。

chap2_6_4.py

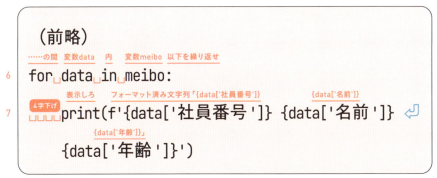

読み下し文

（前略）
6　変数meibo内の要素を変数dataに順次入れる間、以下を繰り返せ
7　　　フォーマット済み文字列「{data['社員番号']} {data['名前']} {data['年齢']}」を表示しろ

```
IDLE Shell 3.13.0
Python 3.13.0 (tags/v3.13.0:60403a5, Oct  7 2024, 09:38:07) [MSC v.1941 64 bit (AMD64)] on win32
Type "help", "copyright", "credits" or "license()" for more information.
>>> 
========= RESTART: C:/Users/yuichiro_ohtsu/Documents/furipye/chap2_6_4.py =======
1103 久里田A太郎 24
1105 山岡B子 24
912 Py田P介 33
>>> 
```

フォーマット文字列に「meibo[○○][○○]」じゃなくて、「data[○○]」って書くのはなぜですか？

繰り返し処理中は、変数meiboの要素が1つずつ変数dataに入る。つまり、**変数dataが辞書を参照した状態**になるんだ

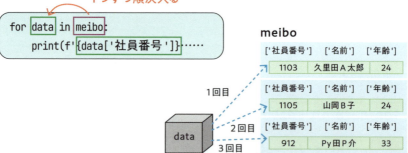

タプルはどういうときに使うのか

タプルはリストによく似ていますが、変更ができません。作成するときは角カッコではなく普通のカッコで囲みます。要素にアクセスするときは角カッコを使います。

タプルの作成 （カッコ内に値を列挙）

```
変数 = (値, 値, 値)
print(変数[0])
```

※タプルのカッコは省略も可能です。

タプルでできないこと

```
変数[0] = -1
変数.append(-1)
```

リストなら要素0が変更されるが、タプルではエラー

リストなら要素が追加されるが、タプルではエラー

タプルの用途でよく見かけるのは、関数の引数です。座標やサイズ、RGB値といった数値のセットをまとめるために使います。

タプルは変更できない代わりに、リストよりデータ量が小さくなる、実行処理がわずかに軽いといったメリットがあるといわれます。とはいえ実用上の大きな差はないので、無理にリストの代わりにタプルを使わなくてもOKです。生成AIが作ったプログラムを見ていて、関数でも数式でもない謎のカッコを見つけたら、「たぶんタプルだろう」と気付くようになれば十分です。

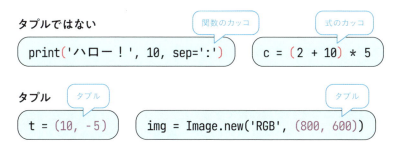

※カッコの前に関数名がなく、カンマで値が区切られていたらタプル

NO. 07 関数を自作する方法を覚えよう

残るは「関数定義」「オブジェクト」「インポート」の3つ。**関数定義**は自分で新しい関数を作ることだ

print関数やint関数みたいなものを自分で作るってことですか?

そういうこと。初心者のうちは関数定義を使わずに済ませることもできるけど、**生成AIが関数を普通に使ってくる**ので、作り方は知っておいたほうがいい

関数定義とは

　これまで使ってきたprint関数やint関数は、**組み込み関数**といい、Pythonに最初から備わっているものです。**def(デフ)文**を使うと、新しい関数を自作できます。専門的には**関数定義**といいます。

　関数を定義すると、次のようなメリットがあります。

- ●プログラムの一部を再利用できる
- ●プログラムの一部に名前が付くので、構造や役割がわかりやすくなる
- ●GUIアプリの画面作成やWebフレームワークの利用などで、関数定義が必要になる

　関数の定義方法は次のとおりです。**def文**を使って、「関数名」「引数名」「関数内の処理」「戻り値」などの仕様を決めていきます。

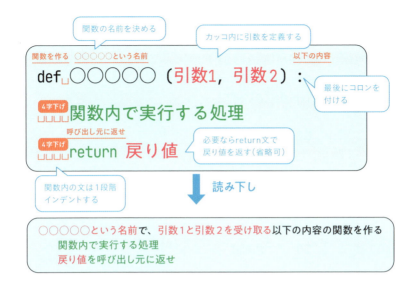

関数の定義は、関数の呼び出しより前に書く点に注意してください。

表を出力する関数を作る

関数定義の例として、リストを引数に受け取って「表」として出力する print_table関数 を作ってみましょう。出力イメージは次のとおりです。「|（パイプ）」と「-（ハイフン）」を罫線代わりにして、桁をそろえて表示します。

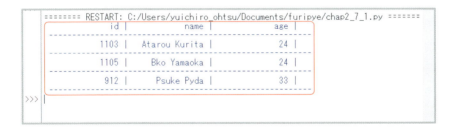

プログラムは次のとおりです。先頭から5行目までは関数定義、6〜10行目がリストの作成、11行目で関数を呼び出しています。

chap2_7_1.py

```python
def print_table(datalist):
    for row in datalist:
        for data in row:
            print(f'{data: >16} |', end='')
        print('\n', '-' * 56)
meibo = [ ['id', 'name', 'age'],
          [1103, 'Ataro Kurita', 24],
          [1105, 'Bko Yamaoka', 24],
          [912, 'Psuke Pyda', 33],
        ]
print_table(meibo)
```

読み下し文

1　print_tableという名前で、引数datalistを受け取る以下の内容の関数を作る
2　　引数datalist内の要素を変数rowに順次入れる間、以下を繰り返せ
3　　　引数row内の要素を変数dataに順次入れる間、以下を繰り返せ
4　　　　フォーマット済み文字列「{data: >16} |」を行末改行せずに表示しろ
5　　　改行文字と、文字列「-」掛ける数値56を表示しろ
6　リスト [リスト [文字列「id」, 文字列「name」, 文字列「age」],
7　　　　リスト [数値1103, 文字列「Ataro Kurita」, 数値24],
8　　　　リスト [数値1105, 文字列「Bko Yamaoka」, 数値24],
9　　　　リスト [数値912, 文字列「Psuke Pyda」, 数値33],
10　を変数meiboに入れろ

11 変数meiboを指定してテーブルを表示しろ

実行するとリストの内容が、「|」と「-」で区切られた表として表示されます。

```
>>> Type "help", "copyright", "credits" or "license()" for more information.
======== RESTART: C:/Users/yuichiro_ohtsu/Documents/furipye/chap2_7_1.py ========
              id |           name |            age |
            1103 |  Atarou Kurita |             24 |
            1105 |   Bko Yamaoka |             24 |
             912 |     Psuke Pyda |             33 |
>>>
```

名簿データを「リスト＋辞書」ではなく「リスト＋リスト」の形にしているのは、プログラムを単純にするためです。**入れ子のfor文**で処理します。

4行目のフォーマット済み文字列で**「{data: >16}」**という記法を使っています。これは変数dataを「半角スペースを使って16桁で右ぞろえにする」という指定です。**引数「end=''」**は行末文字の指定で、空文字列（''）にすると、行末で改行されなくなります。

5行目の、**文字列「'\n'」**は改行文字を意味しています。**「'-' * 56」**は、半角ハイフンを56個並べろという意味です。

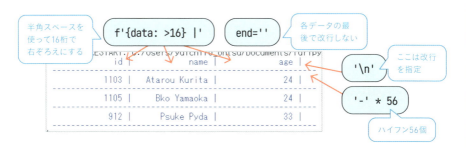

> 例が少し複雑だけど、今すぐ理解してほしいのは、**どこからどこまでが関数定義か**を見抜く方法だ。defから始まって、字下げしている範囲は関数定義だと覚えておこう

NO. 08 オブジェクトについて知ろう

そろそろ終盤。**オブジェクト**の使い方を覚えよう。オブジェクトは変数や関数が複数集まったカタマリみたいなものだ

 なんですか、その○○**数のチャンポン**みたいな存在は？　絶対理解不能でしょう！

いやいや、使うだけならそんなに難しくなくて、「変数.メソッド()」とか書くだけだよ

 メソッドは関数みたいなものでしたっけ？　じゃあオブジェクトも関数？

いや、オブジェクトは関数じゃない。あえていえばデータに近いかな……。**文字列やリストもオブジェクト**だし

 ますますわかりませんよ！　煙に巻こうとしてませんか！

図で見るといくらかわかりやすいかな？ こういう感じにオブジェクトの中に変数やメソッドが詰まっている

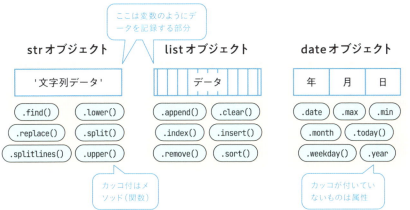

ヘー、確かに変数もメソッドも入ってますね

初期のプログラミング言語では、変数と関数はスパッと分かれていた。でも、最近は両者をくっつけたオブジェクトのほうがわかりやすいという意見が主流だ

リストの.append()ってメソッドは、63ページでちょっと出てきましたね

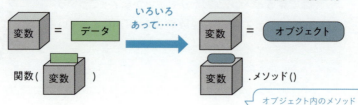

どうしてそういうことになったんですか？ 素人目には大して違わない気もしますが

そこはさまざまな試行錯誤の結果なので、話すととても長い……。僕はあまり考えすぎず、**そういうもんだ**って覚えたほうが早いかなって思ってる

Pythonは、左側の「関数(変数)」って書き方もしますよね？

うん、右側の「変数.メソッド()」で統一した言語もあるんだけど、プログラムが長くなりやすいという弱点があった。なのでPythonは**いいとこ取りで両方使える**ようにしたんだろうね

オブジェクトのメソッドを利用する

オブジェクトのメソッドを使った簡単なプログラムを書いてみましょう。strオブジェクト（文字列）をsplitメソッドで分割し、戻り値のlistオブジェクト（リスト）をsortメソッドで並べ替えます。

chap2_8_1.py

```
1  text = 'lorem ipsum dolor sit amet consectetur
    adipiscing'
2  tlist = text.split(' ')
3  tlist.sort()
4  print(tlist)
```

変数text 入れろ　　文字列「lorem ipsum dolor sit amet consectetur adipiscing」
変数tlist 入れろ 変数text 分割しろ 文字列「 」
変数tlist 並べ替えろ
表示しろ 変数tlist

読み下し文

1. 文字列「lorem ipsum dolor sit amet consectetur adipiscing」を変数textに入れろ
2. 変数textを文字列「 」で分割した結果を変数tlistに入れろ
3. 変数tlistを並べ替えろ
4. 変数tlistを表示しろ

実行すると並べ替え済みのリストが表示されます。

```
IDLE Shell 3.13.0
Python 3.13.0 (tags/v3.13.0:60403a5, Oct  7 2024, 09:38:07) [MSC v.1941 64 bit (AMD64)] on win32
Type "help", "copyright", "credits" or "license()" for more information.
>>>
======== RESTART: C:/Users/yuichiro_ohtsu/Documents/furipye/chap2_8_1.py ========
['adipiscing', 'amet', 'consectetur', 'dolor', 'ipsum', 'lorem', 'sit']
>>>
```

読み下し文を見たら、なんとなくイメージつかめてきました。「○○○.×××()」だったら「○○○を×××する」って意味だと思えばいいんですね

NO. 09 モジュールのインポート方法を覚えよう

いよいよ最後。モジュールのインポートだ。**標準ライブラリやサードパーティ製パッケージ**を使う前に必要になるよ

その標準ライブラリとかサードパーティとかいうのは何者ですか？

Pythonで利用可能な関数やオブジェクトには次の3種類があるんだ

名前	説明
組み込み関数	print関数など特に準備せずにすぐ使える関数
標準ライブラリ	Pythonの実行環境に付属している関数、オブジェクト群。インポートが必要
サードパーティ製パッケージ	Python公式以外が開発したもの。パソコンにインストールした後でインポートする

要するに、Pythonに付属しているか、付属してなくてインストールが必要かの違いですね

そういうこと。もう少し具体的に見てみよう。**モジュール**は、要はPythonのプログラムのこと。**パッケージ**はインターネットで配布しやすいよう、モジュールをまとめたものだ

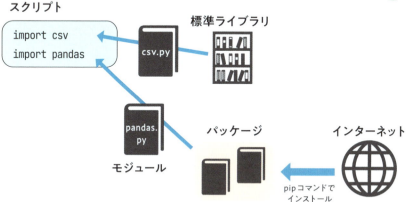

プログラムに**import文**を書くと、他のモジュール内で定義されている関数やオブジェクトを取り込むことができるんだ

なるほど、さっきの関数定義やオブジェクトの説明とつながりました。つまり、**他の人が書いたプログラム**を使えるようにする仕組みなんですね！

標準ライブラリのdatetimeモジュールをインポートする

　簡単なプログラムで、標準ライブラリからのインポートを試してみましょう。datetimeモジュールから日付を扱うdateオブジェクトと、経過日数・時間を扱うtimedeltaオブジェクトをインポートして、日付処理を行います。
　import文にはいく通りかの書き方があります。モジュール全体をインポート

した場合と、一部のオブジェクトや関数をインポートした場合では、それ以降の関数などの呼び出し方が変わってきます。

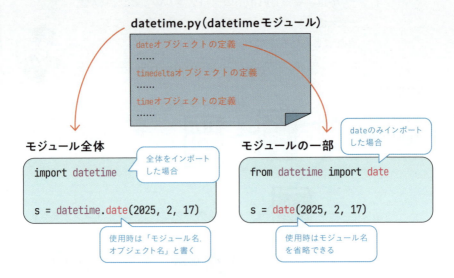

「from～import～」でインポートしたほうが、そのあとのプログラムは短くなるんですね

そうだけど、**複数のモジュールに同名の関数がある場合**などは、名前がかぶるので、全体をインポートして「モジュール名.関数名()」の書き方を使うこともあるよ

　dateオブジェクトとtimedeltaオブジェクトを使って、日付の一覧を生成してみましょう。

chap2_9_1.py

```
from datetime import date, timedelta
start = date(2025, 2, 17)
for day in range(14):
    curdate = start + timedelta(days=day)
    print(curdate)
```

Chap.
2

「1日でPythonの基礎を身に付けて！」といわれて

読み下し文

1 datetimeモジュールからdateオブジェクトとtimedeltaオブジェクトを取り込め
2 数値2025と数値2と数値17を指定してdateオブジェクトを作成し、変数startに入れろ
3 数値0～数値14直前の範囲内の整数を変数dayに順次入れる間、以下を繰り返せ
4 引数daysに変数dayを指定してtimedeltaオブジェクトを作成し、それを変数startに足した結果を変数curdateに入れろ
5 変数curdateを表示しろ

実行すると2週間分の日付が表示されます。

```
IDLE Shell 3.13.0                                          —    □    ×
File  Edit  Shell  Debug  Options  Window  Help
    Python 3.13.0 (tags/v3.13.0:60403a5, Oct  7 2024, 09:38:07) [MSC v.1941 64 bit (
    AMD64)] on win32
    Type "help", "copyright", "credits" or "license()" for more information.
>>>
    ======== RESTART: C:/Users/yuichiro_ohtsu/Documents/furipye/chap2_9_1.py ========
    2025-02-17
    2025-02-18
    2025-02-19
    2025-02-20
    2025-02-21
    2025-02-22
    2025-02-23
    2025-02-24
    2025-02-25
    2025-02-26
    2025-02-27
    2025-02-28
    2025-03-01
    2025-03-02
>>>
```

dateオブジェクトやtimedeltaオブジェクトを利用するときは、最初にオブジェクト名の関数のようなものを書いてオブジェクトを作成します。この関数のようなものを**コンストラクタ**（建設者、製造者の意味）といいます。dateオブジェクトとtimedeltaオブジェクトを足し引きすると、日付の計算ができます。

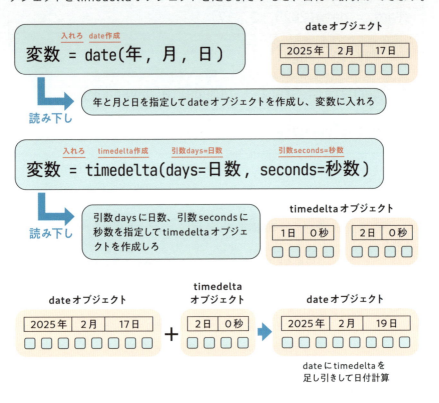

なーるほど！　for文で2週間分のtimedeltaを作り、開始日のdateに足して2週間分の日付を作ってるんですね

そういうこと。dateオブジェクトの「日」を変えるだけだと、「2月30日」のようにありえない日になることがある。date＋timedeltaならその心配がないんだ

サードパーティ製パッケージのpandasを使ってみる

　次はサードパーティ製パッケージのインストールとインポートをしてみましょう。ここで例として使用するpandas（パンダス）は、データ整理・分析用のパッケージです。CSVファイルやExcelファイルを読み込んで、さまざまな形に加工できます。

　30ページでは、pandasを使わずに標準ライブラリのcsvモジュールを使用しましたが、pandasを使ったほうがわかりやすいプログラムになります。

　サードパーティ製パッケージのインストールには、pip（ピップ）というコマンドを使用します。Windowsならコマンドプロンプト、macOSではターミナルで実行します。

　pandasをインストールする場合は、次のように入力します。

```
pip install pandas
```

macOSの場合は、ターミナルを起動してインストールします。

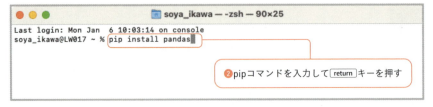

私のパソコンでは、なんか変なの出ましたけど？

「コマンド〜として認識されていません。」と表示されています。

これはインストールで失敗してるね。17ページに戻って、**[Add python.exe to PATH] にチェックマークを付けて**インストールをやり直そう

ぼくのほうにも気になるものが表示されてます。失敗したのかな？

「[notice] A new release of pip……」と表示されています。

この場合、インストール自体は成功しているけど、「pipの新バージョンが出ているからアップデートしてみては？」といわれている。必須じゃないけど、2行目に表示されているコマンドでインストールできるよ

　パッケージのインストールで失敗する原因には、**企業内のネットワーク設定**もあります。pipコマンドのWebサイト（https://pypi.org/）との通信が禁止されている場合はインストール中にエラーになるので、社内のネットワーク管理

者と相談して解決するか、無理ならパソコンを別のネットワークにつないでインストールしてみてください。

pandasをインポートする

インストールが成功したら、pandasを使用するプログラムを書いてみましょう。サードパーティ製パッケージでは、モジュール名が長い場合に**短い別名を付ける**ことがよくあります。

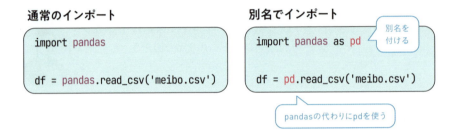

プログラムを書いて、pandasで「meibo.csv」を読み込み、「first-name」列を表示してみましょう。chap2_9_2.pyとmeibo.csvは同じフォルダ内に保存してください（31ページ参照）。

chap2_9_2.py

```
import pandas as pd
df = pd.read_csv('meibo.csv')
print(df['first-name'])
```

read_csvの前の「pd.」はオブジェクトではなく、モジュールの別名です。本書では、モジュールの別名も関数名の一部と見なし、ふりがなを振らないルールとします。

読み下し文

1. pandasモジュールをpdとして取り込め
2. 文字列「meibo.csv」を指定してCSVを読み込み、変数dfに入れろ
3. 変数dfの「first-name」列を表示しろ

実行すると、「first-name」列が表示されます。

```
IDLE Shell 3.13.0
File Edit Shell Debug Options Window Help
Python 3.13.0 (tags/v3.13.0:60403a5, Oct  7 2024, 09:38:07) [MSC v.1941 64 bit (AMD64)] on win32
Type "help", "copyright", "credits" or "license()" for more information.
>>> 
======== RESTART: C:/Users/yuichiro_ohtsu/Documents/furipye/chap2_9_2.py ========
0     太郎
1     次郎
2     三郎
3     四郎
4     五郎
5     六郎
6     七郎
7     八郎
8     九郎
9     十郎
10    一郎
11    二郎
12    三郎
13    四郎
14    五郎
15    六郎
16    七郎
17    八郎
18    九郎
19    十郎
Name: first-name, dtype: object
>>> 
```

あれ？ 「df['first-name']」って辞書の書き方ですよね？ pandasの読み込み結果は辞書なんですか？

正確には辞書（dictオブジェクト）ではなく、pandas独自の**DataFrameオブジェクト**だよ。辞書に似た使い方ができるよう設計されているんだ

pandasって便利そうですね！　もっと使い方教えてください！

あ、ごめん。もう出張に行かなきゃ。前日に**博多のホテル**に泊まって午前中はちょっと観光するんだ♪

こんなとこで放置ですか！　中途半端すぎる！

今日説明したことはザックリ覚えておくだけでいい。生成AIのプログラムを読みながら思い出していけば、やがて知識として身に付くはずだよ

そんなもんですかねー？　うまくできるか、ちょっと不安ですけど……

いってらっしゃーい。おみやげ、楽しみにしてまーす！

　Py田さんは出張してしまいましたが、pandasとDataFrameはChapter 3でも引き続き使っていきます。お楽しみに。

Chapter

3

「大量のデータの
突合せ作業をやって！」

といわれて

NO. 01 そもそも「データの突合せ」とはどんな仕事？

MISSION!

売上管理システムと製造管理システムから、毎週**CSVファイル**が書き出されるが、納品月などの食い違いがちょくちょく発生している。Pythonを使って**突合せ作業を自動化**してほしい。サンプルとして50件程度のデータを持つCSVファイルを2つ渡すが、本番のファイルは全国からデータを集めるので数千件になる。

案件ID	納品月	……
1001	2025/8	
1002	2026/2	
1003	2026/4	

製造ID	案件ID	……	納品月
19001	1002		2026年2月
19002	1001		2025年10月
19003	1003		2026年4月

合ってない！

いよいよ僕らだけで解決しないといけないミッションが来ちゃったね。このデータの食い違いは、営業が設定した納品月に、製造が間に合わないときに出るらしいよ

いっそExcelでやっちゃう？ 2人がかりでチェックすれば1週間ぐらいでできるんじゃない？

> いやー、厳しいでしょ！ そもそも**僕らの業務じゃない**から、毎月1週間も時間を割けないし

> それじゃ生成AI様に相談してみますか。プロンプトになんて書けばいいのかな？

> うーん、思いつかないな……。ひとまずファイルをながめながら、**手作業ならどうやるのか**を考えてみようか？

まずは「どんな仕事か？」を確認する

　生成AIに限らず、コンピューターに仕事をさせるためには、まず「どんな仕事なのか？」を具体的に把握する必要があります。データの突合せ作業であれば、次のような点を洗い出さなければいけません。

- データのどこを比べるのか
- 何をもってデータが「食い違っている」と見なすのか
- 結果はどう示すのか

開発分野で**業務要件定義**と呼ばれる工程に近い作業です。

> まずは売上管理システムのCSVファイルを見てみよう

売上管理システムのデータ(uriage.csv)

案件ID	納品月	顧客名	商品名	数量	単価	合計金額	ステータス
1001	2024/10	株式会社A	商品A	15	1000	15000	納品済み
1002	2024/11	株式会社B	商品B	8	2000	16000	納品済み
1003	2024/12	株式会社C	商品C	22	3000	66000	納品済み
1004	2025/1	株式会社D	商品D	14	4000	56000	納品済み
1005	2025/2	株式会社A	商品E	9	5000	45000	納品済み
1006	2025/3	株式会社B	商品F	11	6000	66000	納品済み
1007	2024/10	株式会社C	商品G	6	7000	42000	納品済み
1008	2024/11	株式会社D	商品A	13	1000	13000	納品済み
1009	2024/12	株式会社A	商品B	7	2000	14000	納品済み

次は製造管理システムのCSVファイル。列の項目が結構違うねー

製造管理システムのデータ(seizou.csv)

製造ID	案件ID	製品名	納品月	製造数量	製造ライン	製造ステータス
19001	1001	商品A	2024年10月	15	ライン1	完了
19002	1004	商品D	2025年1月	14	ライン4	完了
19003	1002	商品B	2024年11月	8	ライン2	完了
19004	1005	商品E	2025年2月	9	ライン1	完了
19005	1006	商品F	2025年3月	11	ライン2	完了
19006	1007	商品G	2024年10月	6	ライン3	完了
19007	1008	商品A	2024年11月	13	ライン4	完了
19008	1009	商品B	2024年11月	7	ライン1	完了
19009	1010	商品C	2025年1月	10	ライン2	完了

列の項目も、行の順番も合ってないからどこを比べたらいいんだろうね？

2つのデータに共通している**「案件ID」**が同じ行でいいんじゃないかな

じゃあ**「案件ID」が同じ行**を探して、**「納品月」が合っているか**チェックすると

違っていた場合、データの修正はこっちでやらなくてもいいんだよね？

私たちにはどっちが正しいか判断できないし、修正はできないでしょ。**「ここが違っているよ」**と伝えればいいんじゃない？

じゃあ、食い違っている部分を、**レポートのテキストファイルに書き出す**ことにしよう

これで生成AIに頼むことはだいたいわかったね。箇条書きでまとめてみよう

- 2つのCSVファイルを開き、「案件ID」が一致する行を探す
- 「納品月」が一致しているかをチェックする
- 一致していない場合は、レポートのテキストファイルに書き出す

NO. 02 データを突合せるプログラムを生成しよう

CSVファイルの読み込みって何度かやったよね（25、83ページ参照）。確かpandasを使うとわかりやすいんだった

そうだったね。今回もpandasを使うことにしよう。さっき整理した箇条書きをもとにプロンプトを書いてみるよ

プロンプト

> 次の仕事をするPythonのプログラムを生成してください。
> ###
> ・pandasを使ってください。
> ・uriage.csvとseizou.csvを読み込む。
> ・「案件ID」が一致する行を探す。
> ・2つの行の「納品月」が一致しているかチェックする。

あっ、結果をレポートにしなきゃいけないよね！ テキストファイルだと簡単そうだから、report.txtに書き出すことにしたらいいかな

レポートの形式も指定しておこう。こんな感じでいいかな……

プロンプト

> 次の仕事をするPythonのプログラムを生成してください。
> ###
> ・pandasを使ってください。
> ・uriage.csvとseizou.csvを読み込む。
> ・「案件ID」が一致する行を探す。
> ・2つの行の「納品月」が一致しているかチェックする。
> ・一致していない場合はreport.txtに情報を追加する。
>   ===
>   案件ID
>   uriage.csvの納品月
>   seizou.csvの納品月
>   ===

 よさそう！

プロンプトを書いてみよう

Copilotのページを表示して、プロンプトを実行してみましょう。

❶ プロンプトを実行

了解しました！pandasを使ってこのタスクを行うPythonのプログラムを以下に示します。
（プログラム）
このプログラムでは、pandasを使ってuriage.csvとseizou.csvを読み込み、「案件ID」でマージし、「納品月」が一致しない行をreport.txtに書き出します。

これで合ってるのかな？

 わからん！　とりあえずダメもとで実行してみようよ

プログラムをエディタウィンドウに貼り付けて、F5キーで実行してみましょう。ファイル名は「chap3_2_1.py」とします。「uriage.csv」と「seizou.csv」と同じフォルダ内に保存してください。

やった！　一発で成功したよ！

うまくいったね。report.txtを見てみよう

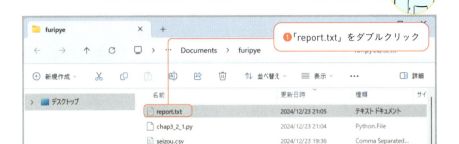

わぁ、不一致だらけ。2つのデータはまったく合ってないんだね！

ちょっと待って、よく見たら合ってるんじゃない？
「2024/10」と「2024年10月」が別ってことになってるよ！

ホントだ。なんで？　どう直したらいいんだろう……？

日付だと思ってないんだろうね。生成AIが出してきたプログラムなんだから、生成AIに直させればいいのでは？

プロンプト

> 「2024/10」と「2024年10月」が同じと判定するようにしてください。

❶追加のプロンプトを実行

新しいプログラムが表示されました。

> 了解しました！2024/10と2024年10月を同じと判定するためには、日付のフォーマットを統一して比較する必要があります。以下のプログラムでは、日付フォーマットをYYYY年MM月に変換して一致を判定します。
> （プログラム）
> このプログラムでは、日付を統一フォーマットに変換してから比較することで、2024/10と2024年10月を同じと判定します。これで試してみてください。他にもサポートが必要なことがあれば教えてくださいね！

「日付を統一フォーマットに変換」したんだって。そういえばPy田さんにdatetimeを習ったけど、それかな？

かもね！　とりあえず実行してみよう

　プログラムをエディタウィンドウに貼り、「chap3_2_2.py」という名前で保存して実行してみましょう（実際はサンプルファイルを開いてください）。

```
IDLE Shell 3.13.0
File  Edit  Shell  Debug  Options  Window  Help
Python 3.13.0 (tags/v3.13.0:60403a5, Oct  7 2024, 09:38:07) [MSC v.1941 64 bit (AMD64)] on win32
Type "help", "copyright", "credits" or "license()" for more information.
>>> 
======= RESTART: C:/Users/yuichiro_ohtsu/Documents/furipye/chap3_2_2.py =======
レポートがreport.txtに作成されました。
>>> 
```

結果が表示されました。

report.txtを開いてみます。

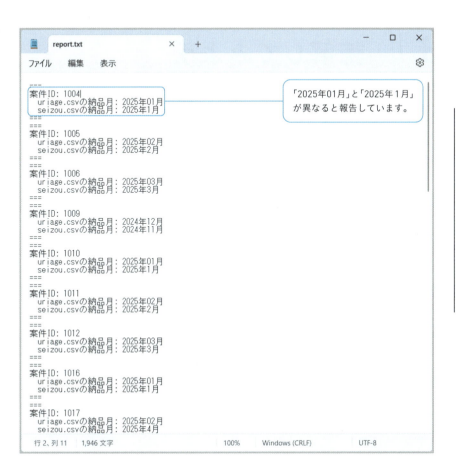

「2025年01月」と「2025年1月」が異なると報告しています。

またダメか〜。ガックシ

「2025年01月」と「2025年1月」って、なんで余計な「0」付けるんじゃ〜！

こうなったら仕方ない。ふりがなを振ってプログラムを読解してみよう

NO. 03 生成されたプログラムを読解してみよう

ところで、ふりがなを振って読解ってどうやるんだっけ?

えーと、まず「=」記号で左と右に割って、変数、関数、文字列とかを区別する

「=」に「入れろ」とふりがなを振って左右に分けて読解

右側の結果を左側に入れる

変数df 入れろ　　　read_csv関数　　　文字列「meibo.csv」

df = pd.read_csv('meibo.csv')

=の左は変数というデータの入れ物　　名前()は関数という命令　　クォートで囲まれた部分は文字列

思い出してきた。あとは関数名から機能を推測したりするんだよね

CSVファイルを読み込め　　関数の名前から働きを推測

変数df 入れろ　　　read_csv関数　　　文字列「meibo.csv」

df = pd.read_csv('meibo.csv')

読み下し

調べたことをまとめて読み下す

「meibo.csv」という名前のCSVファイルを読み込んで、結果（ファイルの中身）を変数dfに入れろ

次のプログラムは、うまく動かなかった chap3_2_2.py の全文を掲載したものです。このあと、登場人物の2人とふりがなを振って読解していきますが、その前にみなさんも実際にふりがなを振って、読解に挑戦してみてください。ふりがなを振りやすいサイズのPDFファイルを用意したので、印刷して書き込んでみましょう（8ページ参照）。

　わかる範囲でかまいません。自力で試してから、そのあとに次ページ以降の解説を読み進めてください。

chap3_2_2.py

```python
import pandas as pd

# ファイルパス
uriage_file = 'uriage.csv'
seizou_file = 'seizou.csv'
report_file = 'report.txt'

# 日付フォーマットを統一する関数
def normalize_date(date):
    if '/' in date:
        return pd.to_datetime(date, format='%Y/%m').strftime('%Y年%m月')
    elif '年' in date and '月' in date:
        return date
    else:
        raise ValueError('不明な日付フォーマットです')

# 各CSVファイルを読み込む
uriage_df = pd.read_csv(uriage_file)
seizou_df = pd.read_csv(seizou_file)

# 日付フォーマットを統一
uriage_df['納品月'] = uriage_df['納品月'].apply(normalize_date)
seizou_df['納品月'] = seizou_df['納品月'].apply(normalize_date)

# 案件IDでデータフレームをマージ
merged_df = pd.merge(uriage_df, seizou_df, on='案件ID', suffixes=('_uriage',
'_seizou'))

```

```
28   # 納品月が一致しない行をフィルタリング
29   mismatched_df = merged_df[merged_df['納品月_uriage'] != merged_df['納品月
     _seizou']]
30
31   # レポートファイルに不一致情報を追加
32   with open(report_file, 'w', encoding='utf-8') as report:
33       for _, row in mismatched_df.iterrows():
34           report.write(f"===\n案件ID: {row['案件ID']}\n")
35           report.write(f"  uriage.csvの納品月: {row['納品月_uriage']}\n")
36           report.write(f"  seizou.csvの納品月: {row['納品月_seizou']}\n")
37           report.write(f"===\n")
38
39   print("レポートがreport.txtに作成されました。")
```

インポートとファイルの場所の指定

プログラム先頭ではpandasをインポートして、変数に各種ファイルの場所を表す**ファイルパス**を代入しています。「#」で始まる行は**コメント文**といい、読む人に説明するための文章です。プログラム上は意味を持ちません。

chap3_2_2.py（1〜6行）

```
     取り込め pandasモジュール として pd
1    import pandas as pd

2


3    # ファイルパス
     変数uriage_file  入れろ  文字列「uriage.csv」
4    uriage_file = 'uriage.csv'
     変数seizou_file  入れろ  文字列「seizou.csv」
5    seizou_file = 'seizou.csv'
     変数report_file  入れろ  文字列「report.txt」
6    report_file = 'report.txt'
```

読み下し文

```
1  pandasモジュールをpdとして取り込め
2
3
4  文字列「uriage.csv」を変数uriage_fileに入れろ
5  文字列「seizou.csv」を変数seizou_fileに入れろ
6  文字列「report.txt」を変数report_fileに入れろ
```

これはなんとなくわかるね。ファイル名を変数に入れてるだけだし

ところで、CSVファイルがフォルダの中に入っていたらどうしたらいいのかな？

　ファイルがフォルダの中に入っている場合は、ファイルパスを「フォルダ名/ファイル名.拡張子」のように変更します。例えば、chap3_2_2.pyの1階層下の[data]フォルダ内にファイルがある場合は、次のように書きます。

ファイルパスの変更例1

```
3  # ファイルパス
4  uriage_file = 'data/uriage.csv'
5  seizou_file = 'data/seizou.csv'
6  report_file = 'data/report.txt'
```

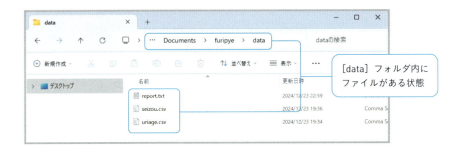

[data]フォルダ内にファイルがある状態

このファイルパスの形式を相対パスといい、Pythonプログラムの場所を基準にファイルを指定します。

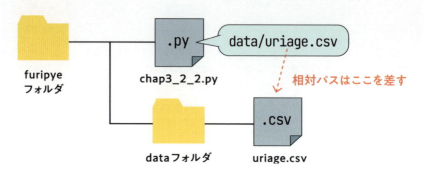

その他に、ドライブを基準とした絶対パスという指定方法があります。絶対パスの指定方法はOSによって異なり、Windowsであれば「C:」で始まります。

ファイルパスの変更例2

```
3  # ファイルパス
4  uriage_file = 'C:/Users/yuichiro_ohtsu/Documents/furipye/data/uriage.csv'
5  seizou_file = 'data/seizou.csv'
6  report_file = 'data/report.txt'
```

絶対パスはエクスプローラーのアドレスバーからコピーできますが、「¥（円マーク）」は「/（スラッシュ）」に置き換えてください。

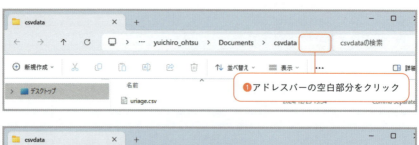

CSVファイルを読み込んで加工する

続く8〜15行目は`normalize_date`関数の定義ですが、プログラム全体の流れを把握するために、先に17行目以降を見ていくことにします。

まず、CSVファイルを読み込みます。

chap3_2_2.py（17〜19行）

```
17  # 各CSVファイルを読み込む
18  uriage_df = pd.read_csv(uriage_file)
19  seizou_df = pd.read_csv(seizou_file)
```

18行目: 変数uriage_df　入れろ　CSVを読み込め　変数uriage_file
19行目: 変数seizou_df　入れろ　CSVを読み込め　変数seizou_file

読み下し文

17
18 変数「uriage_file」を指定してCSVを読み込み、変数uriage_dfに入れろ
19 変数「seizou_file」を指定してCSVを読み込み、変数seizou_dfに入れろ

これはPy田さんと一緒にやったね。CSVを読み込むと**DataFrameオブジェクト**というものが返されるんだよね

DataFrameだから、変数名が「○○○_df」なんだね

次は日付フォーマットを統一する処理です。8行目で定義している`normalize_date`関数の名前も出てきます。

chap3_2_2.py（21〜23行）

```
21  # 日付フォーマットを統一
22  uriage_df['納品月'] = 
    uriage_df['納品月'].apply(normalize_date)
23  seizou_df['納品月'] = 
    seizou_df['納品月'].apply(normalize_date)
```

読み下し文

21
22 変数uriage_dfの「納品月」列にnormalize_date関数を適用し、結果を変数uriage_dfの「納品月」列に入れろ
23 変数seizou_dfの「納品月」列にnormalize_date関数を適用し、結果を変数seizou_dfの「納品月」列に入れろ

このプログラムなんか変じゃない？
「納品月」列のapplyメソッドを呼び出すのはいいとして、normalize_dateは関数なのにカッコが付いてない

そうだ、こういう疑問は生成AIに聞いてみよう！

プロンプト

pandasのapplyメソッドの使い方を教えてください

> pandasのapplyメソッドは、データフレームの各行または各列に関数を適用するために使用します。非常に柔軟で強力なツールで、特定のカスタム操作を行いたいときに便利です。以下に基本的な使い方を示します。
> （中略）
> applyメソッドは、カスタム関数をデータフレームの各要素、行、または列に適用するための非常に強力なツールです。具体的な用途に応じて適用範囲（行または列）を指定し、さまざまなデータ操作を行うことができます。

非常に柔軟で強力？　よくわからないけど、使い方は間違ってないらしいね

applyメソッドの引数は、データや関数の結果ではなく、関数そのものです。

関数自体を引数にする場合はカッコを付けません。指定した列の各データに対し、関数の処理を適用し、その結果の列を返します。関数に定義した処理次第で、データをさまざまな形に加工できるので、生成AIは「非常に柔軟で強力」といっているのです。

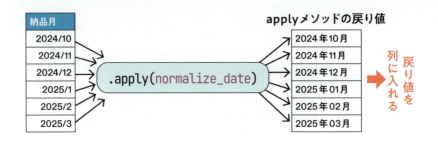

へー、やってることを見ると、リストに対する繰り返し処理に似てるような……

そんな気もするね。ともかく、こうして見ていくとnormalize_date関数が怪しいね

次の処理では、`merge`関数を使って2つのDataFrameを連結した1つのDataFrameを作ります。なお、「pd」はモジュールの別名なので、「merge」はメソッドではなく関数です。

chap3_2_2.py（25〜26行）

```
# 案件IDでデータフレームをマージ
merged_df = pd.merge(uriage_df, seizou_df,
on='案件ID', suffixes=('_uriage', '_seizou'))
```

読み下し文

25
26 変数 uriage_df、変数 seizou_df、引数 on='案件ID'、引数 suffix=('_uriage', '_seizou')を指定して結合した結果を、変数 merged_df に入れろ

売上データと製造データをくっつけてるんだね

on='案件ID'という引数から想像すると、同じ「案件ID」を持つデータが同じ行になるようにくっつけるんだろうね。そのあとのsuffixesというのは意味不明だけど

merge関数は、第1引数と第2引数のDataFrameオブジェクトを結合します。**引数onにキーにする列**を指定すると、その列のデータが一致する行をまとめます。

引数suffixesには、2つのデータに同名の列があった場合に、区別するための名前を指定します。「`suffix=('_uriage', '_seizou')`」と指定した場合、売上データの列名に「_uriage」、製造データの列名に「_seizou」が付きます。

製造ID	案件ID	製品名	納品月	製造数量	製造ライン	製造ステータス
19001	1001	商品A	2024年10月	15	ライン1	完了
19002	1004	商品D	2025年1月	14	ライン4	完了
19003	1002		2024年11月			
19010	1003					

案件ID	納品月	顧客名	商品名	数量	単価	合計金額	ステータス
1001	2024/10	株式会社A	商品A	15	1000	15000	納品済み
1002	2024/11	株式会社B	商品B	8	2000	16000	納品済み
1003	2024/12	株式会社C	商品C	22	3000	66000	納品済み

↓ merge

案件ID	納品月_uriage	顧客名	商品名	数量	単価	合計金額	ステータス	製造ID	製品名	納品月_seizou
1001	2024年10月	株式会社A	商品A	15	1000	15000	納品済み	19001	商品A	2024年10月
1002	2024年11月	株式会社B	商品B	8	2000	16000	納品済み	19003	商品B	2024年11月
1003	2024年12月	株式会社C	商品C	22	3000	66000	納品済み	19010	商品C	2024年12月

結合したデータに対し、「納品月」列が一致しない行をフィルタリングします。

chap3_2_2.py（28〜29行）

```
28  # 納品月が一致しない行をフィルタリング
29  mismatched_df =
    merged_df[merged_df['納品月_uriage']
    != merged_df['納品月_seizou']]
```

読み下し文

28
29　変数merged_dfの変数merged_dfの「納品月_uriage」列と変数merged_dfの「納品月_seizou」列が等しくない行を変数mismatched_dfに入れろ

「merged_df[merged_df[〜]〜〜]」ってなんじゃこりゃ？　一致しない行をフィルタリングしてるのはわかるけど

　フィルタリングしたい場合は、DataFrameの角カッコ内に条件式を書きます。この場合は「納品月_uriage」列と「納品月_seizou」列が等しくない（!=）ことが条件になります。

```
merged_df[    条件式    ]
```

```
merged_df['納品月_uriage'] != merged_df['納品月_seizou']
```

なーるほど、わかってきた！ ひょっとして「merged_df[列名]」って書くのも、**列名という条件**を指定しているのかも

あ、それは正解かもね。それなら全部同じ考え方で理解できるし

レポートを書き出す

これで変数 merged_df の DataFrame は、「納品月」列が不一致の行のみが集まっていることになります。最後にレポートの書き出しを行います。

chap3_2_2.py（31〜37行）

```python
# レポートファイルに不一致情報を追加
with open(report_file, 'w', encoding='utf-8') as report:
    for _, row in mismatched_df.iterrows():
        report.write(f"===\n案件ID: {row['案件ID']}\n")
        report.write(f"  uriage.csvの納品月: {row['納品月_uriage']}\n")
        report.write(f"  seizou.csvの納品月:
```

```
                     {row['納品月_seizou']}\n")
37    report.write(f"===\n")
```
変数report　書き込め　フォーマット済み文字列「===\n」

読み下し文

31
32 変数report_file、文字列「w」、引数encoding='utf-8'を指定して、変数reportとしてファイルを開くと共に、以下の内容を実行せよ
33 変数mismatched_df内の行を列挙し、変数_と変数rowに順次入れる間、以下を繰り返せ
34 フォーマット済み文字列「===\n案件ID: {row['案件ID']}\n」を変数reportに書き込め
35 フォーマット済み文字列「　uriage.csvの納品月: {row['納品月_uriage']}\n」を変数reportに書き込め
36 フォーマット済み文字列「　seizou.csvの納品月: {row['納品月_seizou']}\n」を変数reportに書き込め
37 フォーマット済み文字列「===\n」を変数reportに書き込め

for文で繰り返しながら1件ずつ書き出しているんだろうなというのは予想できるんだけど、最初の「with open～」はなんなんだろう？

引数がreport_fileだから、ファイルを開いている感じがするけど謎が多いね。これも生成AIに聞いてみよう

プロンプト

with openはどういう意味ですか？

❶生成AIに「with open」の意味を質問

with openはどういう意味ですか？

with open は、Pythonでファイル操作を行うための構文の一つです。特に、ファイルを開いて操作を行い、操作が終わったら自動的にファイルを閉じるという、一連の処理を安全に行うために使われます。

以下に基本的な使い方を示します：

説明が表示されました。

```Python
with open('file.txt', 'w') as file:
    file.write('Hello, world!')
```

ここでの with open の意味を詳しく説明します：

1. **ファイルを開く**：`open('file.txt', 'w')` は、`file.txt` という名前のファイルを「書き込みモード」で開くことを意味します。もしファイルが存在しなければ新しく作成されます。
2. **asキーワード**：`as file` は、開いたファイルオブジェクトを `file` という名前の変数に格納します。この変数を使ってファイル操作を行います。
3. **コンテキスト管理**：`with` 構文はコンテキストマネージャとして機能します。これは、`with` ブロック内でファイル操作を行い、ブロックを抜けたときに自動的にファイルが閉じられることを意味します。これにより、明示的に `file.close()` を呼び出す必要がなくなり、ファイルが正しく閉じられない場合に起こり

Chap.
3

「大量のデータの突合せ作業をやって！」といわれて

---

with openは、Pythonでファイル操作を行うための構文の一つです。特に、ファイルを開いて操作を行い、操作が終わったら自動的にファイルを閉じるという、一連の処理を安全に行うために使われます。
（プログラムの例）
ここでのwith openの意味を詳しく説明します：
1.ファイルを開く：open('file.txt', 'w')は、file.txtという名前のファイルを「書き込みモード」で開くことを意味します。もしファイルが存在しなければ新しく作成されます。
2.asキーワード：as fileは、開いたファイルオブジェクトをfileという名前の変数に格納します。この変数を使ってファイル操作を行います。
3.コンテキスト管理：with構文はコンテキストマネージャとして機能します。これは、withブロック内でファイル操作を行い、ブロックを抜けたときに自動的にファイルが閉じられることを意味します。これにより、明示的にfile.close()を呼び出す必要がなくなり、ファイルが正しく閉じられない場合に起こり得る問題を防ぎます。

整理すると、「open関数で開いた結果がasのあとの変数に入る」「with文にはファイルへの読み書きが終わったあと、閉じる働きがある」ということです。

```
                    ファイルを開くopen関数        ファイルオブジェクトが
                                              この変数に入る
with open(report_file, 'w', encoding='utf-8') as report:
    ファイルへの読み書き処理
    （4字下げ）
                        ブロックの終わりで
                        ファイルを閉じる
```

コンテキストマネージャとかずいぶん立派な名前だね！　でも開いたファイルを閉じてくれるのは親切！

次はfor文。DataFrameから1行ずつ取り出してるんだろうなとは思うけど、ところどころわからない

　33行目のfor文のinのあとには「mismatched_df.iterrows()」と書かれています。これはDataFrameオブジェクトの**iterrowsメソッド**の呼び出しです。Iterate（反復）とRows（行）を組み合わせた名前で、反復処理（繰り返し処理）のためにDataFrameの行を1行ずつ取り出してくれます。iterrowsメソッドの戻り値は**インデックス（行番号）と行データのタプル**です。インデックスは使わないので変数 _ に入れ、行データのほうは変数rowに入れます。

　Pythonでは、文法上変数が必要だが、実際には使い道がない場合、変数名を「_（アンダーバー）」にして使わないことを示します。

> タプルはカンマ
> 区切りの変数で
> 受け取れる

> （インデックス, 行データ）

> DataFrameから
> 1行ずつ取り出す

```python
for _, row in mismatched_df.iterrows():

    report.write(f"===\n案件ID: {row['案件ID']}\n")

    report.write(f"  uriage.csvの納品月: {row['納品月_uriage']}\n")

    report.write(f"  seizou.csvの納品月: {row['納品月_seizou']}\n")

    report.write(f"===\n")
```

Chap.
3

「大量のデータの突合せ作業を
やって！」といわれて

> あとは**writeメソッド**で書き込んで終わりだね。ファイルへの書き込みにもフォーマット済み文字列（42ページ参照）が使えるんだね

　writeメソッドの部分を見ると、フォーマット済み文字列に「"（ダブルクォート）」が使われています。これは間違いではなく、**フォーマット済み文字列の中に「'（シングルクォート）」が含まれているから**です。中で「'」が使われているときは全体を「"」で囲み、中で「"」が使われているときは全体を「'」で囲むというように使い分けます。

　このプログラムの最後にはprint関数がありますが、「レポートがreport.txtに作成されました。」と表示するだけなので、説明は省略します。

117

NO. 04 日付のトラブルを解決する

それじゃあ、一番怪しいnormalize_date関数を見てみようか！

normalize_date関数の定義を見てみよう

ここで8行目に戻ってnormalize_date関数の定義を見てみましょう。おそらくここがプログラムがうまく動かない原因です。

chap3_2_2.py（8〜15行）

```
 8  # 日付フォーマットを統一する関数
       関数を作る   normalize_dateという名前   引数date  以下の内容
 9  def normalize_date(date):
           もしも 文字列「/」 中に  引数date  真なら以下を実行せよ
       4字下げ
10      if '/' in date:
                  呼び出し元に返せ        datetimeに変換       引数date
       4字下げ 4字下げ
11      return pd.to_datetime(date,
                引数format='%Y/%m'              日付文字列に変換文字列「%Y年%m月」
            format='%Y/%m').strftime('%Y年%m月')
           そうではなく 文字列「年」 中に 引数date  かつ  文字列「月」 中に 引数date 真なら以下を実行せよ
       4字下げ
12      elif '年' in date and '月' in date:
                  呼び出し元に返せ 引数date
       4字下げ 4字下げ
13      return date
           そうでなければ以下を実行せよ
14      else:
```

15 ␣␣␣␣␣␣raise␣ValueError('不明な日付フォーマットです')

※15行目注釈: 4字下げ 4字下げ 起こせ バリューエラー 文字列「不明な日付フォーマットです」

読み下し文

```
 8
 9  normalize_dateという名前で、引数dateを受け取る以下の内容の関数を作る
10   もしも「引数dateの中に文字列「/」がある」が真なら以下を実行せよ
11    引数dateと引数format='%Y/%m'を指定してdatetimeに変換した結果を、文字列「%Y年%m月」を指定して日付文字列に変換した結果を、呼び出し元に返せ
12   そうではなく「引数dateの中に文字列「年」がある」かつ「引数dateの中に文字列「月」がある」が真なら以下を実行せよ
13    引数dateを呼び出し元に返せ
14   そうでなければ以下を実行せよ
15    文字列「不明な日付フォーマットです」を指定してバリューエラーを起こせ
```

関数の中身はただの3分岐のif文なのに、教わってないルールも混ざっててややこしい

たぶんだけど、「'/' in date」「'年' in date」「'月' in date」は、引数dateの中に含まれる文字をチェックしてるんだよね

そっか、引数dateには納品月のデータが渡される(108ページ参照)から、「○○/××」と「○○年××月」を区別してるのか

「○○/××」形式のときは、**to_datetime関数**でdatetimeオブジェクト（79ページ参照）に変換してるみたいだね。そのあと**strftimeメソッド**で「○○年××月」形式の文字列に変換してる？

すごい！　たぶん合ってるよ。引数dateが「○○年××月」形式のときは、何もしないでそのままreturn文で返してるから、両方とも「○○年××月」形式でそろうんだね

「2024/10」形式のときは

```
pd.to_datetime(date, format='%Y/%m').strftime('%Y年%m月')
```

- datetimeオブジェクトに変換
- 現在の形式は「○○/××」
- datetimeオブジェクトから日付文字列に変換
- 変換形式は「○○年××月」

「2024年10月」形式のときは

何もせずそのまま返す

でも日付文字列に変換するときに、余計な「0」を付けちゃうんだよ！　それさえなければ！　日付文字列いらん！

それだ！　日付文字列にしないで、どっちもdatetimeオブジェクトに変換して終わりにしたらいいんじゃないかな？

なるほど、strftimeメソッドを取って、「○○年××月」のほうもdatetimeオブジェクトに変換するってことね

プログラムを修正しよう

修正するのは11行目と13行目です。サンプルファイルは「chap3_4_1.py」という名前とします。

chap3_4_1.py（9〜13行）

```
9   def normalize_date(date):
10      if '/' in date:
11          return pd.to_datetime(date,
                format='%Y/%m')
12      elif '年' in date and '月' in date:
13          return pd.to_datetime(date,
                format='%Y年%m月')
```

読み下し文

9　normalize_dateという名前で、引数dateを受け取る以下の内容の関数を作る
10　もしも「引数dateの中に文字列「/」がある」が真なら以下を実行せよ
11　　引数dateと引数format='%Y/%m'を指定してdatetimeに変換した結果を、呼び出し元に返せ
12　そうではなく「引数dateの中に文字列「年」がある」かつ「引数dateの中に文字列「月」がある」が真なら以下を実行せよ
13　　引数dateと引数format='%Y年%m月'を指定してdatetimeに変換した結果を、呼び出し元に返せ

その方針で修正したプログラムを試してみましょう。実行したあと、report.txtを開いて見てみます。

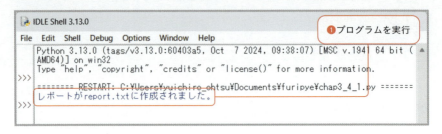

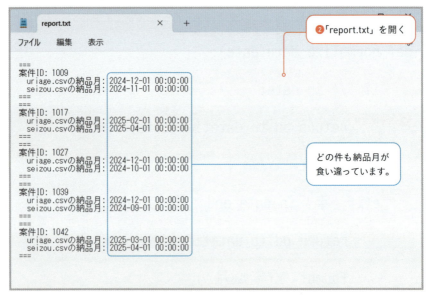

やった！　狙いどおりだよ！

ちょっと変更しただけで直ったね！　生成AIはほとんど完全なプログラムを作れるのに、こんな簡単なことに気付かないんだな〜

Chapter

4

「Webでキーワードの
トレンドを調べて！」

といわれて

NO. 01 まずはGoogleトレンドの使い方を調べてみる

MISSION！

今度はマーケティング部からの要望だ。Googleトレンドを使って、「AI」「ロボット」「バッテリー」という3つのキーワードについて調べてほしい。一週間分の推移のグラフの画像を提出してほしい。

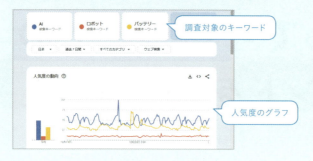

調査対象のキーワード

人気度のグラフ

これは簡単にできそうだね〜

簡単そうなんで、**「自分でやれば？」**ってちょっと思ってしまった！

まぁまぁ。簡単に終わるならこっちも楽なんだし〜

簡単とかいいつつ、私Googleトレンドを使ったことないんだよね〜。使い方知ってる？

> それじゃ、業務要件を確認するために一緒に使ってみよう

Googleトレンドは、キーワードの人気度を調べるサービスです。そのキーワードがどれぐらい検索されているかなどを目安に、人気度をグラフで表示します。まず、Googleトレンドのページ（https://trends.google.co.jp）を表示して、最初のキーワードを検索しましょう。

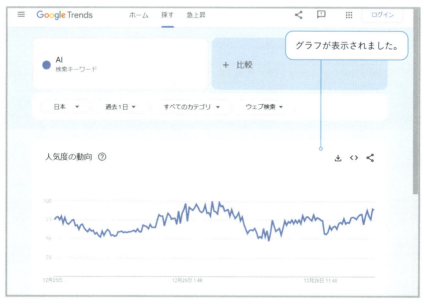

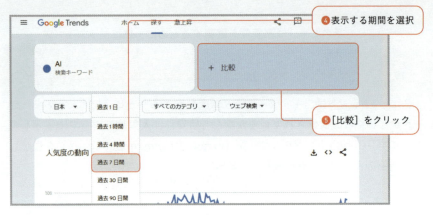

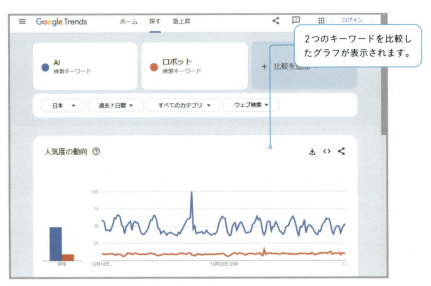

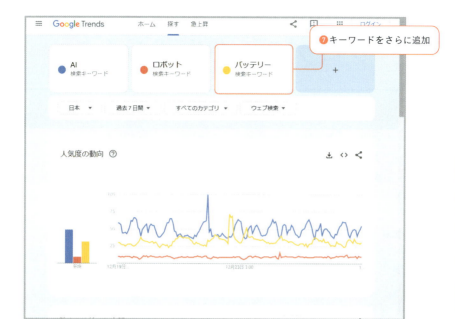

Chap. 4 「Webでキーワードのトレンドを調べて！」といわれた

あら、意外と簡単！ やっぱり「AI」は人気だねー

「バッテリー」も話題になってるよ。簡単だけど一応手順を整理しておこう

- Google トレンドで「AI」を検索する。
- 期間を「過去 7 日間」にする。
- 「ロボット」と「バッテリー」のキーワードを追加する。
- 表示されたグラフを保存する。

NO. 02　Googleトレンドを利用するプログラムを生成しよう

プロンプトを考えたんだけど、人間向けの手順そのままじゃないほうが、生成AIはやりやすいかなって思うんだよね。どう？

プロンプト

```
次の仕事をするPythonのプログラムを生成してください。
###
・Googleトレンドで「AI」「ロボット」「バッテリー」について過去7日間分のデータを検索する。
・グラフを保存する。
```

3つのキーワードと期間をまとめたのか。よさそうな気もするけど、わからない。とりあえず実行してみようか？

Copilotを表示して、次のプロンプトを実行します。

❶プロンプトを実行

> Googleトレンドのデータを取得してグラフを保存するためのPythonプログラムを作成しました。以下のコードを使用して、過去7日間の「AI」「ロボット」「バッテリー」に関するトレンドデータを取得し、グラフを保存します。
>
> （プログラム）
>
> このプログラムでは、requestsを使ってGoogleトレンドのデータを取得し、pandasを使ってデータを整理し、matplotlibを使ってグラフを作成して保存します。
>
> 必要なライブラリをインストールするためには、次のコマンドを実行してください：
>
> pip install requests pandas matplotlib
>
> このコードを実行すると、過去7日間の「AI」「ロボット」「バッテリー」に関するトレンドデータをグラフ化し、trend_graph.pngとして保存します。

パッケージをインストールしてほしいんだって。それも
いわれたとおりにやってみよう

```
pip install requests pandas matplotlib
```

❶pipコマンドを実行

いろいろなパッケージが
インストールされました。

　パッケージのインストールがうまくいかない場合は、85ページの解説も読ん
でください。

さっそく実行してみよう！

　Copilotからコピーしたプログラムを、IDLEのエディタウィンドウに貼り付け
て実行してみましょう。ファイル名はchap4_2_1.pyとします。

```
chap4_2_1.py - C:\Users\yuichiro_ohtsu\Documents\furipye\chap4_2_1.py (3.
File  Edit  Format  Run  Options  Window  Help
import requests
import pandas as pd
import matplotlib.pyplot as plt
from datetime import datetime, timedelta

# GoogleトレンドのURL
url = 'https://trends.google.com/trends/explore?date=all&geo=JP&q=DX%2CAI%2C%E3%

# 7日前の日付を取得
end_date = datetime.now()
start_date = end_date - timedelta(days=7)

# データを取得
response = requests.get(url)
data = response.json()

# データをDataFrameに変換
```

❶ プログラムを貼り付けて F5 キーで実行

実際はサンプルファイルを開いてください。

```
IDLE Shell 3.13.0                                           —    □    ×
File  Edit  Shell  Debug  Options  Window  Help
    Python 3.13.0 (tags/v3.13.0:60403a5, Oct  7 20
    AMD64)] on win32
    Type "help", "copyright", "credits" or "license()" for more information.
>>>
    ======== RESTART: C:\Users\yuichiro_ohtsu\Documents\furipye\chap4_2_1.py ========
    Traceback (most recent call last):
      File "C:\Users\yuichiro_ohtsu\AppData\Local\Programs\Python\Python313\Lib\site
    -packages\requests\models.py", line 974, in json
        return complexjson.loads(self.text, **kwargs)
      File "C:\Users\yuichiro_ohtsu\AppData\Local\Programs\Python\Python313\Lib\json
    \__init__.py", line 346, in loads
        return _default_decoder.decode(s)
      File "C:\Users\yuichiro_ohtsu\AppData\Local\Programs\Python\Python313\Lib\json
    \decoder.py", line 344, in decode
        obj, end = self.raw_decode(s, idx=_w(s, 0).end())
      File "C:\Users\yuichiro_ohtsu\AppData\Local\Programs\Python\Python313\Lib\json
    \decoder.py", line 362, in raw_decode
        raise JSONDecodeError("Expecting value", s, err.value) from None
    json.decoder.JSONDecodeError: Expecting value: line 1 column 1 (char 0)

    During handling of the above exception, another exception occurred:

    Traceback (most recent call last):
      File "C:\Users\yuichiro_ohtsu\Documents\furipye\chap4_2_1.py", line 15, in <mo
    dule>
        data = response.json()
      File "C:\Users\yuichiro_ohtsu\AppData\Local\Programs\Python\Python313\Lib\site
    -packages\requests\models.py", line 978, in json
        raise RequestsJSONDecodeError(e.msg, e.doc, e.pos)
    requests.exceptions.JSONDecodeError: Expecting value: line 1 column 1 (char 0)
>>>
```

エラーメッセージが表示されました。

Chap. 4 「Webでキーワードのトレンドを調べて！」といわれて

ギャッ！　これ絶対成功してないよね？

最後のほうにJSONDecodeErrorって出てるね。でも、どうしようか、これ……？

生成AIが書いたプログラムでエラーが出たんだから、生成AIになんとかしてもらおうよ。エラーをコピペしてと……

プロンプト

> 次のようなエラーが出ました。原因はなんでしょうか？
> ==========
> （コピーしたエラーメッセージ）

❶ エラーメッセージの部分をドラッグして選択

❷ Ctrl + C キーを押してコピー

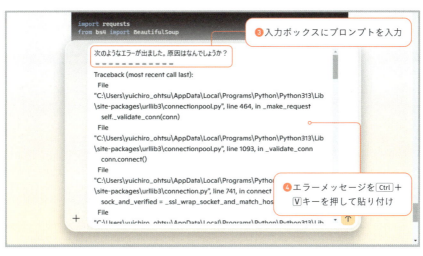

このエラーメッセージは、requestsライブラリのresponse.json()メソッドが、空のレスポンスを受け取ったために発生しています。具体的には、GoogleトレンドのURLから有効なJSONデータを取得できなかったために、JSONのデコードに失敗しています。

原因として考えられる点は以下の通りです：

1.URLの指定ミス：指定されたURLが正しくないため、期待するデータが返されていない可能性があります。
2.APIエンドポイントの変更：GoogleトレンドのAPIエンドポイントが変更された、またはアクセス方法が変更された可能性があります。
3.アクセス制限：Googleトレンドのサービスに対して正しいリクエストが送信されていないため、データが取得できていない可能性があります。

このエラーを回避するために、代わりにGoogleトレンドデータを取得するための公式APIを利用する方法があります。Googleトレンドの公式APIを使用するには、pytrendsというライブラリを使用します。以下はpytrendsを使用して「AI」「ロボット」「バッテリー」に関する過去7日間のデータを取得し、グラフを保存するプログラムです：
（プログラム例）
このプログラムでは、pytrendsライブラリを使用してGoogleトレンドデータを取得し、matplotlibを使ってグラフを作成し保存します。まずは次のコマンドを実行してpytrendsをインストールしてください：

pip install pytrends

いいわけなのか、妙に長いねー。「pytrendsというライブラリを使え」だって

乗りかかった船だし、いわれたようにやってみよう

```
pip install pytrends
```

❶ pipコマンドを実行

pytrendsがインストールされました。

プログラムを貼り付けて実行しましょう。ファイル名はchap4_2_2.pyとします。

❶ プログラムを貼り付けて F5 キーで実行

実際はサンプルファイルを開いてください。

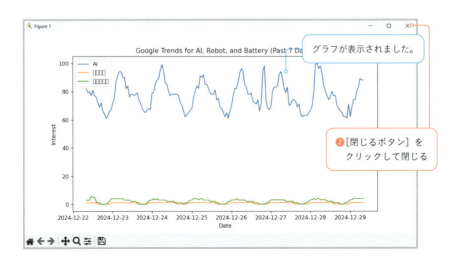

グラフが表示されました。

❷ [閉じるボタン] をクリックして閉じる

あ、今度はグラフがちゃんと表示されたね！　画像ファイルもchap4_2_2.pyと同じフォルダに保存されてるよ

　最初に生成したchap4_2_1.pyと、次に生成AIが提案してきたc4_2_2.pyは、同じWebからデータを取得するプログラムといっても、大きく異なります。

　前者は**スクレイピング**という手法で、プログラムが人間のふりをしてWebページからデータを取得します。Webページの構造やHTMLタグを理解していないと使えません。

　後者は**API（Application Programming Interface）** といい、Webサービスがプログラムのために用意している窓口です。APIがあるならそれを利用したほうが簡単です。Googleトレンドの場合は、Google Trends APIが用意されています。**pytrends**は、PythonからGoogle Trends APIを簡単に利用するためのサードパーティ製パッケージです。

このプログラムには不具合がある！

あれ？　Pythonで作ったグラフをよく見てよ。日本語が文字化けしてるし、シェルウィンドウに赤い文字がたくさん表示されてるよ

「Warning」が大量に表示されています。

Warning（ワーニング、警告）は、プログラムの不具合を伝えるメッセージです。ただし、エラーほど致命的なものではないため、プログラムは中断せずに実行されます。

ホントだ。でも、結果のグラフは出てるんだからいいんじゃない？

グラフが正しければね。GoogleトレンドのWebページに表示されてるグラフと比べてみてよ（127ページ参照）。グラフの形が全然違うよね

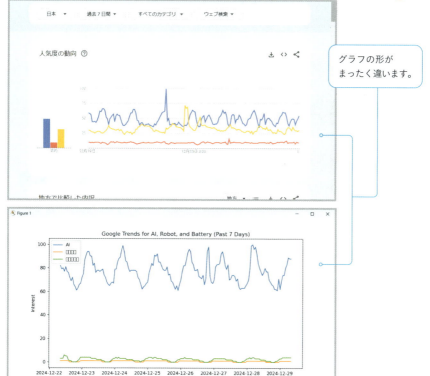

グラフの形がまったく違います。

Googleトレンドで「すべての国」を選んだら、よく似たグラフになったよ！　そうか、これ全世界のグラフだから、カタカナの「ロボット」と「バッテリー」が少ないんだ

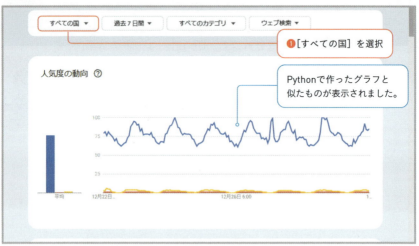

❶[すべての国]を選択

Pythonで作ったグラフと似たものが表示されました。

つまり、「日本を対象にした結果」でもなければ、「日本語も表示できない」ってことだね

キビシーな！　とりあえず、シェルウィンドウに出たWarningを、生成AIに貼って対処法を聞いてみよう。あっさり直るかもしれないし

プロンプト

次のような警告が表示されました。原因を教えてください。
=============
（コピーした警告メッセージ）

```python
import pandas as pd
pd.set_option('future.no_silent_downcasting', True)
df = df.fillna(False)
```

原因の説明と解決策が
表示されました。

2. UserWarning: Glyph missing from font(s)

この警告は、`matplotlib` が使用しているフォントが指定されたカタカナのグリフを含んでいないために発生しています。その結果、カタカナ文字が正しく表示されない可能性があります。

解決策

`matplotlib` で日本語フォントを使用するように設定することで解決できます。以下のように、日本語フォントを指定することができます：

```python
import matplotlib.pyplot as plt
import matplotlib.font_manager as fm

# 日本語フォントを設定 (例としてMS Gothicを使用)
jp_font_path = 'C:/Windows/Fonts/msgothic.ttc'
jp_font = fm.FontProperties(fname=jp_font_path)

plt.rcParams['font.family'] = jp_font.get_name()

# プロットの設定
plt.figure(figsize=(10, 5))
```

表示された警告について、順に説明します。

1.FutureWarning

　この警告は、pandasのfillnaメソッドに関連するもので、今後の
バージョンでの動作が変更される可能性があることを示していま
す。具体的には、オブジェクト型の配列に対するfillnaのダウンキ
ャストが非推奨となり、将来的に変更されるという警告です。

解決策

推奨される方法に従って、infer_objectsメソッドを使用するか、
将来の動作にオプトインすることです。

（プログラム例）

2.UserWarning: Glyph missing from font(s)

　この警告は、matplotlibが使用しているフォントが指定されたカ
タカナのグリフを含んでいないために発生しています。その結果、
カタカナ文字が正しく表示されない可能性があります。

解決策

matplotlibで日本語フォントを使用するように設定することで解決
できます。以下のように、日本語フォントを指定することができます：

（プログラム例）

後半が日本語フォントの問題の話みたいだね。提案されたプログラムをどこかに貼ればいいらしいけど……

解決策のプログラム

```
import matplotlib.pyplot as plt
import matplotlib.font_manager as fm

# 日本語フォントを設定（例としてMS Gothicを使用）
jp_font_path = 'C:/Windows/Fonts/msgothic.ttc'
jp_font = fm.FontProperties(fname=jp_font_path)

plt.rcParams['font.family'] = jp_font.get_name()

# プロットの設定
plt.figure(figsize=(10, 5))
# ... (ここにプロットのコードを追加)
plt.savefig('trend_graph.png')
plt.show()
```

そんなに難しくはなさそうだけど、今は何をどこに貼り付けたらいいのかもわからないよ

また読解するしかないね……

NO. 03 生成されたプログラムを読解してみよう

読解しながら、日本語フォントの設定を書く場所と、日本の検索結果を指定する場所を探さないといけないね

次のプログラムは、chap4_2_2.pyの全文を掲載したものです。今回も実際にふりがなを振って、読解に挑戦してみてください。

chap4_2_2.py

```python
from pytrends.request import TrendReq
import pandas as pd
import matplotlib.pyplot as plt

# pytrendsを初期化
pytrends = TrendReq(hl='ja-JP', tz=540)

# 検索キーワードを設定
kw_list = ['AI', 'ロボット', 'バッテリー']

# 過去7日間のデータを取得
pytrends.build_payload(kw_list, timeframe='now 7-d')
data = pytrends.interest_over_time()

# データが取得できているか確認
if not data.empty:
    # グラフを作成
    plt.figure(figsize=(10, 5))
    for keyword in kw_list:
        plt.plot(data.index, data[keyword], label=keyword)

```

```
22    plt.xlabel('Date')
23    plt.ylabel('Interest')
24    plt.title('Google Trends for AI, Robot, and Battery (Past 7 Days)')
25    plt.legend()
26    plt.savefig('trend_graph.png')
27    plt.show()
28  else:
29    print("データが取得できませんでした。")
30
31  print("データの取得とグラフの保存が完了しました。")
```

Googleトレンドからデータを受け取る

このプログラムは、Googleトレンドからデータを受け取る部分と、グラフを作成する部分の二部構成です。前半から見ていきましょう。

最初の3行はimport文です。

chap4_2_2.py（1～3行）

```
1  from pytrends.request import TrendReq
2  import pandas as pd
3  import matplotlib.pyplot as plt
```

読み下し文

```
1  pytrends.requestモジュールからTrendReqを取り込め
2  pandasモジュールをpdとして取り込め
3  matplotlib.pyplotモジュールをpltとして取り込め
```

Google Trends APIを利用するpytrendsからTrendReqオブジェクトを、グラフを描くmatplotlibのpyplotをインポートします。これらのオブジェクトは、DataFrameを利用するため、pandasのインポートも必要です。

6行目でTrendReqオブジェクトを作成します。Googleトレンドへのリクエス

トデータをまとめるオブジェクトです。コンストラクタの引数hlは表示言語の指定、引数tzはタイムゾーンの指定です。日本の日付を使用する場合は、tz=540（9時間×60分）を指定します。

chap4_2_2.py（5〜6行）

```
5  # pytrendsを初期化
      変数pytrends 入れろ TrendReq作成    引数hl='ja-JP'    引数tz=540
6  pytrends = TrendReq(hl='ja-JP', tz=540)
```

読み下し文

5
6 引数hl='ja-JP'と引数tz=540を指定してTrendReqオブジェクトを作成し、変数pytrendsに入れろ

あれ、ここでちゃんと日本語と日本の日付を指定してるね。なんで日本のグラフにならないんだろう？

検索したいキーワードをリストにします。検索できるのは5つまでです。

chap4_2_2.py（8〜9行）

```
8  # 検索キーワードを設定
      変数kw_list 入れろ  文字列「AI」  文字列「ロボット」  文字列「バッテリー」
9  kw_list = ['AI', 'ロボット', 'バッテリー']
```

読み下し文

8
9 リスト［文字列「AI」, 文字列「ロボット」, 文字列「バッテリー」］を変数kw_listに入れろ

pytrendsオブジェクトのbuild_payloadメソッドで、検索条件を格納したペイロードを組み立てます。ペイロードとは荷物や通信データを意味する言葉です。最後にinterest_over_timeメソッドでGoogleトレンドからデータを取得します。戻り値はDataFrameオブジェクトです。

chap4_2_2.py（11〜13行）

```
11  # 過去7日間のデータを取得
12  pytrends.build_payload(kw_list,
    timeframe='now 7-d')
13  data = pytrends.interest_over_time()
```

変数pytrends　ペイロード組み立て　変数kw_list
引数timeframe='now 7-d'
変数data 入れろ　変数pytrends　人気度の推移を取得

読み下し文

11
12 変数kw_listと引数timeframe='now 7-d'を指定して、変数pytrendsのペイロードを組み立てる
13 変数pytrendsから人気度の推移を取得し、結果を変数dataに入れろ

「timeframe='now 7-d'」は、「今までの7日間分」という意味だね

グラフを描画する

if文で変数dataが空でないことを確認したら、グラフを作成します。

chap4_2_2.py（15〜20行）

```python
15  # データが取得できているか確認
16  if not data.empty:
17      # グラフを作成
18      plt.figure(figsize=(10, 5))
19      for keyword in kw_list:
20          plt.plot(data.index, data[keyword],
              label=keyword)
```

読み下し文

```
15
16  もしも「変数dataが空ではない」が真なら以下を実行せよ
17
18      引数figsize=(10, 5)を指定して、figureを作成しろ
19      変数kw_list内の要素を変数keywordに順次入れる間、以下を繰り返せ
20          変数dataのindexと、変数dataのキーkeyword、引数label=変数keyword
            を指定して、描画しろ
```

matplotlibは、figureメソッドで図（Figure）を作り、そこにplotメソッドでグラフを描画していきます。

figureメソッドの引数figsizeには、図の大きさを指定します。単位はインチです。

plotメソッドは第1引数でX軸の値、第2引数でY軸の値を指定します。引数

labelには系列名を指定します。今回は3つのグラフを描画するので、for文を使って繰り返しています。

22行目以降は、グラフにタイトルや軸ラベルを設定する処理です。26行目で図を保存し、27行目で画面に表示します。

chap4_2_2.py（22〜27行）

```
22      plt.xlabel('Date')
23      plt.ylabel('Interest')
24      plt.title('Google Trends for AI, Robot,
            and Battery (Past 7 Days)')
25      plt.legend()
26      plt.savefig('trend_graph.png')
27      plt.show()
```

- 22: X軸ラベル / 文字列「Date」
- 23: Y軸ラベル / 文字列「Interest」
- 24: タイトル / 文字列「Google Trends for AI, Robot, and Battery (Past 7 Days)」
- 25: 凡例
- 26: 図を保存 / 文字列「trend_graph.png」
- 27: 図を表示

読み下し文

22	文字列「Date」をX軸ラベルに設定しろ
23	文字列「Interest」をY軸ラベルに設定しろ
24	文字列「Google Trends for AI, Robot, and Battery (Past 7 Days)」をタイトルに設定しろ
25	凡例を設定しろ
26	文字列「trend_graph.png」を指定して図を保存しろ
27	図を表示しろ

> グラフの描き方は意外と簡単そう。最後のshowメソッドで図を表示する処理は、今回のミッションだとなくてもいいかもね

NO. 04 グラフのトラブルを解決する

解決しないといけない問題は、日本語の文字化けと、グラフが全世界対象になっていることの2つだったね

今グラフの描き方を知ったから、日本語フォントを設定する処理をどこに書けばいいかはすぐにわかりそうな気がする

日本語フォントを設定する

生成AIに提案された日本語フォントを設定するプログラムを見直してみましょう。

提案されたプログラム

```
1  import matplotlib.pyplot as plt
2  import matplotlib.font_manager as fm
3  
4  # 日本語フォントを設定（例としてMS Gothicを使用）
5  jp_font_path = 'C:/Windows/Fonts/msgothic.ttc'
6  jp_font = fm.FontProperties(fname=jp_font_path)
7  
8  plt.rcParams['font.family'] = jp_font.get_name()
9  
10 # プロットの設定
11 plt.figure(figsize=(10, 5))
12 # ...（ここにプロットのコードを追加）
13 plt.savefig('trend_graph.png')
14 plt.show()
```

chap4＿2＿2.pyにあった部分となかった部分を見分けていきます。

　提案されたプログラムの1行目に書かれているmatplotlib.pyplotのインポートはすでにあります。また、10行目以降のグラフの描画もすでにあります。

　新たに加える必要があるのは、2行目のmatplotlib.font_managerのインポートから、8行目までと予想できます。

　chap4＿2＿2.pyの前のほうに、日本語フォントを設定する処理を加え、chap4＿4＿1.pyとして保存します。

chap4＿4＿1.py（1〜9行）

```
1  from pytrends.request import TrendReq

2  import pandas as pd

3  import matplotlib.pyplot as plt

4  import matplotlib.font_manager as fm

5

6  # 日本語フォントを設定

7  jp_font_path = 'C:/Windows/Fonts/msgothic.ttc'

8  jp_font = fm.FontProperties(fname=jp_font_path)

9  plt.rcParams['font.family'] = jp_font.get_name()
```

読み下し文

```
1  pytrends.requestモジュールからTrendReqを取り込め
2  pandasモジュールをpdとして取り込め
3  matplotlib.pyplotモジュールをpltとして取り込め
4  matplotlib.font_managerモジュールをfmとして取り込め
5
```

6	
7	文字列「C:/Windows/Fonts/msgothic.ttc」を変数jp_font_pathに入れろ
8	引数fname=変数jp_font_pathを指定して、フォントプロパティを作成し、変数jp_fontに入れろ
9	変数jp_fontの名前を取得し、変数rcParamsのキー「font.family」に入れろ

プログラムを実行してみましょう。

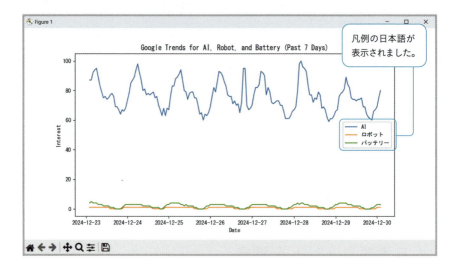

凡例の日本語が表示されました。

あっさり成功！　フォントのファイルパスを変更したら、MSゴシック以外も指定できそうだね

でも、MSゴシックはすべてのWindowsパソコンに入ってるから、変えないほうが無難かな

検索対象の国を設定する

あとは検索対象を日本にできれば完成なんだけど。言語もタイムゾーンも日本になってるのになんでだろう？

さっき「Google Trends API」というキーワードでWeb検索していたら、こんなものを見つけたんだ。「geo」のところを見てみて

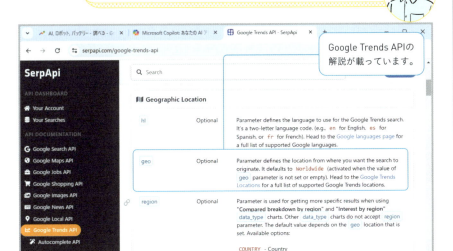

Google Trends APIの解説が載っています。

https://serpapi.com/google-trends-api

英語だね。翻訳すると、「geo：検索を開始する場所を指定するパラメーター。デフォルトはWorldwideです」……おー、これはひょっとすると？

言語を設定する「hl」と並んで載っているから、同じコンストラクタの引数にしてみよう

chap4_4_1.py（11～12行）

```
11  # pytrendsを初期化
12  pytrends = TrendReq(hl='ja-JP', tz=540, ↵
    geo='JP')
```

プログラムを実行してみましょう。

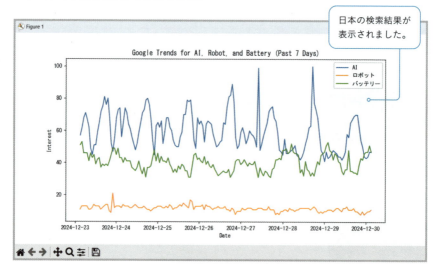

日本の検索結果が表示されました。

やった！　今回は簡単そうだと思ったけど、意外と苦労したね～。AIに聞けばわかることと、自分で調べないといけないことがあるんだってわかったよ

Chapter

5

「Excelのグラフを
大量に作って!」

といわれて

NO. 01 Excelでグラフを作るプログラムを生成しよう

MISSION!

毎週、全国の支店から売上状況のCSVファイルが集まる。それをもとにExcelのグラフを作成してほしい。CSVファイルには担当、日付、売上の列があるので、**担当ごとの売上を比較する棒グラフ**を作成すること。
注：見た目は問わない。ピボットグラフ機能は使っても使わなくてもいい。

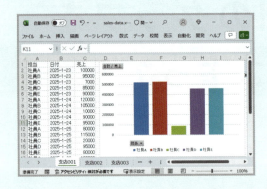

Excel使ったことがあれば、やることはイメージしやすいね。ピボットグラフは使うと難しそうだからやめよう

だね。まずExcelファイルを作って、ワークシートを追加して、CSVファイルを読み込む。あとは棒グラフを作る

「担当ごとの売上比較」も指示したほうがよさそうだね。これらをまとめると……

- Excelファイルを作成する。
- フォルダ内のCSVファイルの数だけ以下を繰り返す。
  - ワークシートを追加する。
  - CSVファイルのデータをワークシートに貼り付ける。
  - 担当ごとの売上比較の棒グラフを作り、ワークシートに配置する。
- Excelファイルを保存する。

プロンプトを作る

業務内容の箇条書きをもとにプロンプトを作成します。Excelファイルの名前や、CSVファイルが入っているフォルダ名などを追加してあいまいさを減らします。

プロンプト

```
次の仕事をするPythonのプログラムを生成してください。
###
・「sales-data.xlsx」という名前のExcelファイルを作成する。
・「sales-data」フォルダ内のCSVファイルの数だけ以下を繰り返す。
　・CSVファイルと同じ名前のワークシートを追加し、CSVファイルの内容を読み込む。
　・「担当」列と「売上」列をもとに、Excelの機能で担当ごとの売上比較の縦棒グラフを作り、ワークシートに配置。
・Excelファイルを保存する。
```

Copilotを表示して、次のプロンプトを実行します。

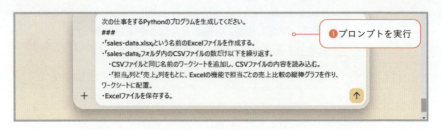

①プロンプトを実行

プログラムが生成されました。

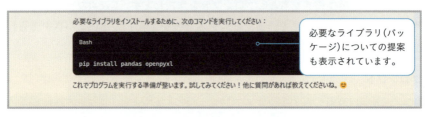

必要なライブラリ（パッケージ）についての提案も表示されています。

> もちろんです！以下は、指定されたタスクを実行するPythonプログラムです。このプログラムでは、pandasとopenpyxlライブラリを使用してExcelファイルを操作し、CSVファイルごとにワークシートを追加してグラフを作成します。
> （プログラム例）
> このプログラムでは以下の手順を踏んでいます：
>
> 1. pandasとopenpyxlを使用してExcelファイルを操作。
> 2. sales-dataフォルダ内のCSVファイルを処理。

3. 各CSVファイルに対して、同じ名前のワークシートを追加し、データを読み込む。
4. 担当列と売上列を元に、担当ごとの売上比較の縦棒グラフを作成し、ワークシートに配置。
5. 最後に、Excelファイルを保存。

必要なライブラリをインストールするために、次のコマンドを実行してください：
pip install pandas openpyxl

これまでどおりやってみよう。パッケージをインストール！

```
pip install pandas openpyxl
```

❶pipコマンドを実行

2つのパッケージがインストールされました。

次はプログラムをコピーして実行。CSVファイルのフォルダも忘れずにプログラムのフォルダに移動しておこう

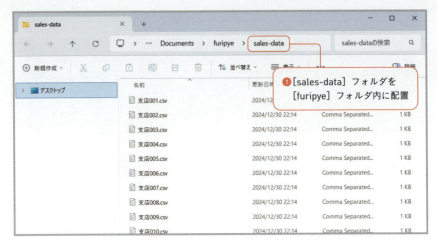

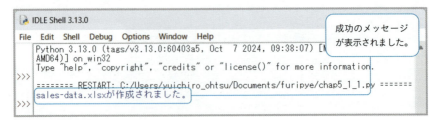

お！　今回は一発で成功したみたいだよ。Excelファイルはできてるかな？

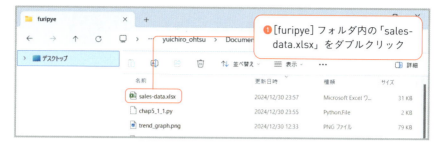

> Chap. 5
> 「Excelのグラフを大量に作って！」といわれて

ダメかー。グラフが表示されてない！

ワークシートにデータを読み込むところまではできているけど、参照する列がずれてる。あと、**担当者ごとの合計**になってないね

「担当者ごとの合計の表」ってピボットテーブルを使わないと作れないんじゃない?

そっか。プロンプトにピボットテーブルを作る指示を加えてみよう

プロンプト

> 次の仕事をするPythonのプログラムを生成してください。
> ###
> ・「sales-data.xlsx」という名前のExcelファイルを作成する。
> ・「sales-data」フォルダ内のCSVファイルの数だけ以下を繰り返す。
> 　・CSVファイルと同じ名前のワークシートを追加し、CSVファイルの内容を読み込む。
> 　・「担当」列と「売上」列をもとに、担当ごとの売上高を求めるピボットテーブルを同じワークシート内に作成する。
> 　・Excelの機能で担当ごとの売上比較の縦棒グラフを作り、ワークシートに配置。
> ・Excelファイルを保存する。

新たなプロンプトでプログラムを生成して、実行してみましょう。

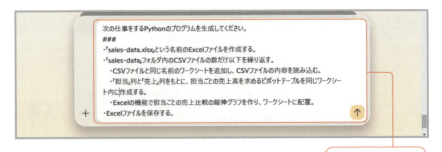

❶プロンプトを実行

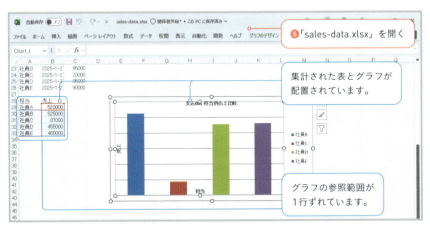

Chap. 5 「Excelのグラフを大量に作って！」といわれて

おしい！ グラフの参照範囲がちょっとズレてる。あとは読解してから修正しよう

NO. 02 生成されたプログラムを読解してみよう

> 今回のプログラムは結構長いね

インポートからExcelファイルの作成まで

次のプログラムは、chap5_1_2.pyの全文を掲載したものです。今回も実際にふりがなを振って、読解に挑戦してみてください。

chap5_1_2.py

```python
import pandas as pd
import os
from openpyxl import Workbook
from openpyxl.utils.dataframe import dataframe_to_rows
from openpyxl.chart import BarChart, Reference

# sales-data.xlsxを作成
excel_file = 'sales-data.xlsx'
wb = Workbook()
wb.remove(wb.active)

# sales-dataフォルダ内のCSVファイルを処理
csv_folder = 'sales-data'
for csv_file in os.listdir(csv_folder):
    if csv_file.endswith('.csv'):
        # CSVファイルと同じ名前のワークシートを追加
        ws_name = os.path.splitext(csv_file)[0]
        ws = wb.create_sheet(title=ws_name)

        # CSVファイルの内容を読み込む
        df = pd.read_csv(os.path.join(csv_folder, csv_file))
```

```
22
23          # データフレームをワークシートに書き込む
24          for r_idx, row in enumerate(dataframe_to_rows(df, index=False,
     header=True), start=1):
25              for c_idx, value in enumerate(row, start=1):
26                  ws.cell(row=r_idx, column=c_idx, value=value)
27
28          # ピボットテーブルを作成
29          pivot_df = df.pivot_table(index='担当', values='売上',
     aggfunc='sum').reset_index()
30          start_row = len(df) + 3
31          for r_idx, row in enumerate(dataframe_to_rows(pivot_df, index=False,
     header=True), start=start_row):
32              for c_idx, value in enumerate(row, start=1):
33                  ws.cell(row=r_idx, column=c_idx, value=value)
34
35          # 縦棒グラフを作成
36          chart = BarChart()
37          data = Reference(ws, min_col=2, min_row=start_row + 1, max_row=start_
     row + len(pivot_df))
38          categories = Reference(ws, min_col=1, min_row=start_row + 2, max_
     row=start_row + len(pivot_df))
39          chart.add_data(data, titles_from_data=True)
40          chart.set_categories(categories)
41          chart.title = f'{ws_name} 担当別売上比較 '
42          chart.x_axis.title = '担当 '
43          chart.y_axis.title = '売上 '
44
45          # グラフをワークシートに配置
46          ws.add_chart(chart, f'E{start_row}')
47
48  # Excelファイルを保存
49  wb.save(excel_file)
50
51  print(f"{excel_file}が作成されました。")
```

　最初の5行のimport文は、おなじみのpandas、標準ライブラリのos、
Excelを操作するopenpyxlをインポートしています。osモジュールはフォルダ

内のファイルを列挙するために使用します。

chap5_1_2.py（1〜5行）

```python
import pandas as pd
import os
from openpyxl import Workbook
from openpyxl.utils.dataframe import dataframe_to_rows
from openpyxl.chart import BarChart, Reference
```

読み下し文

1 pandasモジュールをpdとして取り込め
2 osを取り込め
3 openpyxlからWorkbookを取り込め
4 openpyxl.utils.dataframeからdataframe_to_rowsを取り込め
5 openpyxl.chartからBarChartとReferenceを取り込め

openpyxlのWorkbookオブジェクトを利用してExcelファイルを作成します。

chap5_1_2.py（7〜10行）

```python
# sales-data.xlsxを作成
excel_file = 'sales-data.xlsx'
wb = Workbook()
wb.remove(wb.active)
```

読み下し文

```
7
8   文字列「sales-data.xlsx」を変数excel_fileに入れろ
9   Workbookを作成して変数wbに入れろ
10  変数wbのアクティブワークシートを指定して、変数wbから削除しろ
```

　作成直後にアクティブワークシートを削除しているため、Excelファイルにはワークシートがまったくない状態になります。

ファイルの列挙とワークシートの追加

　osモジュールのlistdir関数を使って、「sales-data」フォルダ内のファイルを列挙し、その数だけ繰り返し処理を行います。繰り返し処理内では、ファイル名と同じ名前のワークシートを追加します。

chap5_1_2.py（12〜18行）

```python
# sales-dataフォルダ内のCSVファイルを処理
csv_folder = 'sales-data'
for csv_file in os.listdir(csv_folder):
    if csv_file.endswith('.csv'):
        # CSVファイルと同じ名前のワークシート……
        ws_name = os.path.splitext(csv_file)[0]
        ws = wb.create_sheet(title=ws_name)
```

読み下し文

```
12
13  文字列「sales-data」を変数csv_folderに入れろ
```

14	変数 csv_folderフォルダの内容をリストアップし、変数 csv_fileに順次入れる間、以下を繰り返せ
15	もしも「変数 csv_fileが文字列「.csv」で終わる」が真なら以下を実行せよ
16	
17	変数 csv_fileのパスをテキスト分割し、要素0を変数 ws_nameに入れろ
18	引数 title=変数 ws_nameを指定してワークシートを作成し、変数 wsに入れろ

処理内容は読み下し文のとおりです。17行目で、ファイルのパスから拡張子を除いたファイル名を取り出しています。os.path.splitext関数で、パスを「/」や「.」などの区切り文字で分割したリストを作成しているので、要素0はファイル名になります。そのファイル名を使ってワークシートを作成します。

CSVファイルの内容をワークシートに書き込む

pandasのread_csv関数でCSVファイルを読み込み、それをワークシートのセルに書き込んでいきます。for文を入れ子にして、行→列の順で書き込みます。

chap5_1_2.py（20〜26行）

```python
# CSVファイルの内容を読み込む
    df = pd.read_csv(os.path.join(
        csv_folder, csv_file))


    # データフレームをワークシートに書き込む
    for r_idx, row in enumerate(
        dataframe_to_rows(df, index=False,
        header=True), start=1):
```

読み下し文

20
21 　　変数csv_folderと変数csv_fileをパス連結し、CSVを読み込んで変数dfに入れろ
22
23
24 　　変数dfと引数index=Falseと引数header=Trueを指定してデータフレームを行に変換し、引数start=1を指定して番号付き列挙したものを、変数r_idxと変数rowに順次入れる間、以下を繰り返せ
25 　　　　変数rowと引数start=1を指定して番号付き列挙したものを、変数c_idxと変数valueの間に順次入れる間、以下を繰り返せ
26 　　　　　　引数row=変数r_idxと引数column=変数c_idxと引数value=変数valueを指定して、変数wsのセルに設定しろ

　2つのfor文で使用されているenumerate関数は組み込み関数の1つです。for文にリストなどを1つずつ渡す際に、番号を付けてくれます。この番号は、セルの行番号または列番号として使用します。Excelでは行／列番号を1から数えるため、引数startに1を指定します。

　openpyxlのdataframe_to_rows関数は、DataFrameをopenpyxlで使いやすい行データの集まりに変換します。引数indexにFalseを指定するとインデックス番号が付かなくなります。引数headerにTrueを指定すると、列見出しの行を出力します。

ピボットテーブルを作成する

　担当ごとに合計するためにピボットテーブルを作成します。ただし、このプ

ログラムでは、Excelのピボットテーブル機能ではなく、pandasの`pivot_table`関数を使用しています。そのため、Excel上ではただの表になります。

chap5_1_2.py（28〜33行）

```python
    # ピボットテーブルを作成
    pivot_df = df.pivot_table(
        index='担当', values='売上',
        aggfunc='sum').reset_index()
    start_row = len(df) + 3
    for r_idx, row in enumerate(
        dataframe_to_rows(pivot_df,
        index=False, header=True),
        start=start_row):
        for c_idx, value in enumerate(row,
            start=1):
            ws.cell(row=r_idx,
                column=c_idx, value=value)
```

読み下し文

28	
29	引数 index='担当' と引数 values='売上' と引数 aggfunc='sum' を指定して変数 df のピボットテーブルを作成し、インデックスを振り直して変数 pivot_df に入れろ

30	変数dfの長さ足す数値3を変数start_rowに入れろ
31	変数pivot_dfと引数index=Falseと引数header=Trueを指定してデータフレームを行に変換し、引数start=変数start_rowを指定して番号付き列挙したものを、変数r_idxと変数rowに順次入れる間、以下を繰り返せ
32	変数rowと引数start=1を指定して番号付き列挙したものを、変数c_idxと変数valueの間に順次入れる間、以下を繰り返せ
33	引数row=変数r_idxと引数column=変数c_idxと引数value=変数valueを指定して、変数wsのセルに設定しろ

　この部分の重要なところは、pivot_table関数のみです。引数indexに行見出しとなる列、引数valuesに値の列、引数aggfuncに集計方法を指定します。ピボットテーブルにするとDataFrameのインデックス番号がおかしくなるため、reset_indexメソッドで振り直します。

　このピボットテーブルを配置する位置は、CSVファイルの行数＋3とします。

　そこから先は、CSVファイルの内容をそのままセルに書き込む処理とほとんど同じです。

　ちなみに、CSVファイルの「,（カンマ）」の前後に半角スペースが入っている場合、この部分でKeyError（辞書のキーに問題がある）が出ることがあります。つまり、本来なら「日付」「売上」という列になるはずが、「 日付」「 売上」という半角スペース付きの名前になるため、列名を指定した処理が失敗します。21行目のread_csv関数の引数に「skipinitialspace=True」を指定してみてください。

グラフを描画する

　いよいよグラフの作成です。openpyxlのBarChartオブジェクトとReferenceオブジェクトを利用します。Referenceオブジェクトは、参照するセル範囲を指定するもので、これを使って、データや見出しの範囲を指定します。

参照範囲を指定するオブジェクト！　ここが怪しいね

chap5_1_2.py（35〜43行）

```python
35    # 縦棒グラフを作成
36    chart = BarChart()
37    data = Reference(ws, min_col=2,
          min_row=start_row + 1,
          max_row=start_row + len(pivot_df))
38    categories = Reference(ws, min_col=1,
          min_row=start_row + 2,
          max_row=start_row + len(pivot_df))
39    chart.add_data(data,
          titles_from_data=True)
40    chart.set_categories(categories)
41    chart.title = f'{ws_name}担当別売上比較'
42    chart.x_axis.title = '担当'
43    chart.y_axis.title = '売上'
```

読み下し文

35
36 棒グラフを作成して変数chartに入れろ
37 変数wsと引数min_col=2と引数min_row=変数start_row足す数値1と引数max_row=変数start_row足す変数pivot_dfの長さを指定して参照を作成し、変数dataに入れろ

38	変数wsと引数min_col=1と引数min_row=変数start_row足す数値2と引数max_row=変数start_row足す変数pivot_dfの長さを指定して参照を作成し、変数categoriesに入れろ
39	変数dataと引数tiles_from_data=Trueを指定して、変数chartにデータを追加しろ
40	変数categoriesを指定して変数chartにカテゴリーを設定しろ
41	フォーマット済み文字列「{ws_name}担当別売上比較」を変数chartのタイトルに入れろ
42	文字列「担当」を変数chartのX軸のタイトルに入れろ
43	文字列「売上」を変数chartのY軸のタイトルに入れろ

次の図のような2つのReferenceを作成し、add_dataメソッドやset_categoriesメソッドを使って棒グラフに範囲を設定します。

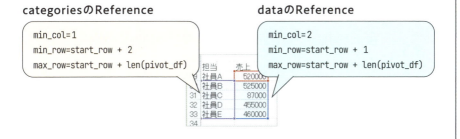

棒グラフの準備ができたら、add_chartメソッドでワークシート上に配置し（46行目）、saveメソッドでExcelファイルを保存します（49行目）。これらは見たままなので、細かい説明は省略します。

もうわかった！ Referenceのmin_rowに指定する開始行を1ずつ減らせばいいんだね

chap5_2_1.py（37～38行）

```
37        data = Reference(ws, min_col=2, min_row=start_row, max_row=start_row
    + len(pivot_df) )
38        categories = Reference(ws, min_col=1, min_row=start_row + 1, max_
    row=start_row + len(pivot_df))
```

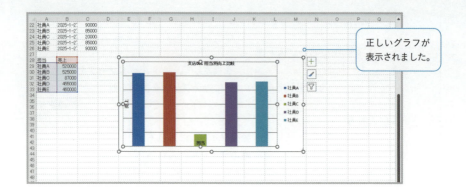

正しいグラフが表示されました。

 あれ？　よく見ると軸の表示がヘンじゃない？

 最初の指示に「見た目は問わない」ってあるからOKでしょ！

　筆者が調べたところ、openpyxlの最新版（執筆時点ではバージョン3.1.5）では、グラフの軸が正しく設定されないようです。openpyxlをバージョン3.1.3にダウングレードすると、正しく表示されるようになりました。

　ダウングレードするpipコマンドは以下のとおりです。今後の最新版でも同様のトラブルが発生した場合は試してみてください。

```
pip install openpyxl==3.1.3
```

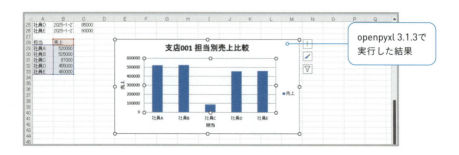

openpyxl 3.1.3で実行した結果

Chapter

6

「大量の写真を分類して!」

といわれて

NO. 01　写真を自動分類するプログラムを生成しよう

MISSION！

フォルダの中にとにかく大量の写真のファイルが入っている。**クラスタリング**という方法を使って、写真の内容をもとに分類してほしい。画像形式には JPEG、PNG、HEICがあるので、すべてに対応してほしい。

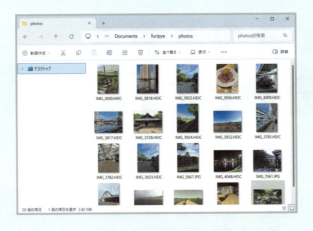

クラスタリング？　AIの用語だったっけ？　妙に具体的に指定してきたね

でも具体的なほうがプロンプトも作りやすいよね。形式を整えて、フォルダ名を追加するだけでよさそう

プロンプト

> 次の仕事をするPythonのプログラムを生成してください。
> ###
> ・クラスタリングを使って、「photos」フォルダ内の画像ファイルを内容をもとに分類する。
> ・分類ごとにフォルダを作り、画像ファイルをコピーする。
> ・画像ファイルの形式はJPEG、PNG、HEICに対応する。

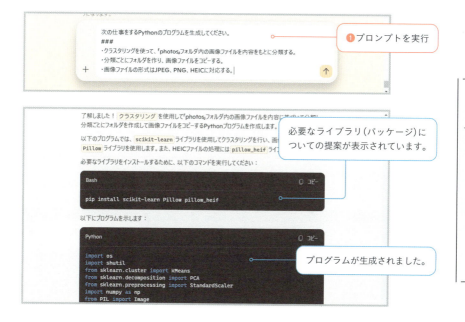

❶プロンプトを実行

必要なライブラリ（パッケージ）についての提案が表示されています。

プログラムが生成されました。

Chap. 6 「大量の写真を分類して！」といわれて

了解しました！クラスタリングを使用して「photos」フォルダ内の画像ファイルを内容に基づいて分類し、分類ごとにフォルダを作成して画像ファイルをコピーするPythonプログラムを作成します。
以下のプログラムでは、scikit-learnライブラリを使用してクラスタリングを行い、画像処理にはPillowライブラリを使用します。また、HEICファイルの処理にはpillow_heifライブラリを使用します。
必要なライブラリをインストールするために、以下のコマンドを実行してください：

> pip install scikit-learn Pillow pillow_heif
> 以下にプログラムを示します：
> （プログラム例）
> このプログラムでは、以下の手順を実行します：
>
> 1. Pillowとpillow_heifを使用して画像ファイルを読み込み、特徴量ベクトルに変換。
> 2. scikit-learnのStandardScalerを使用して特徴量を標準化し、PCAを使用して次元削減。
> 3. KMeansクラスタリングを適用して、画像をクラスタリング。
> 4. 各クラスタごとにフォルダを作成し、画像ファイルをコピー。

pipコマンドでパッケージをインストールします。

```
pip install scikit-learn Pillow pillow_heif
```

　Copilotから提案されたプログラムは一発では動きませんでしたが、表示されたエラーを2度質問することで、動作するプログラムが得られました。それがchap6_1_3.pyです。
　画像ファイルが入った［photos］フォルダを、［furipye］フォルダの中に配置して、chap6_1_3.pyを実行してみましょう。

❶ F5 キーを押して実行

警告が表示されましたが、動作上は問題ありません。

ファイルがコピーされたことを示すメッセージが表示されました。

Chap.
6

「大量の写真を分類して！」といわれて

プログラムが一発で動かないのも、もう慣れたね！

画像が5つのフォルダにコピーされたけど、これはちゃんと分類されたといっていいのかな……?

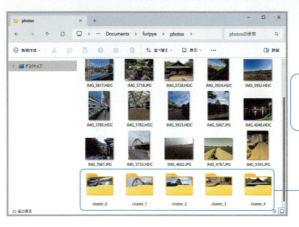

［photos］フォルダの中に［cluster_0］〜［cluster_4］フォルダが作られています。

cluster_0

cluster_1

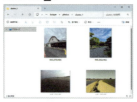

cluster_2

cluster_3

cluster_4

　AIにおける**クラスタリング**とは、教師なし学習によってデータの類似性を計算し、分類する手法のことです。このプログラムではk-means（k平均法）というクラスタリングが使われており、計算によってデータの類似性を求めます。事前に**クラスタ数（分類数）を決める**必要があり、それによって分類のされ方が変化します。

NO. 02

生成されたプログラムを読解してみよう

プログラムの全体像と利用するモジュール、パッケージ

次のプログラムは、chap6_1_3.pyの全文を掲載したものです。今回も実際にふりがなを振って、読解に挑戦してみてください。

chap6_1_3.py

```python
import os
import shutil
from sklearn.cluster import KMeans
from sklearn.decomposition import PCA
from sklearn.preprocessing import StandardScaler
import numpy as np
from PIL import Image
import pillow_heif

# 対応する画像ファイル形式
SUPPORTED_FORMATS = ['.jpeg', '.jpg', '.png', '.heic']

# 画像を特徴量ベクトルに変換する関数
def extract_features(image_path):
    if image_path.lower().endswith('.heic'):
        heif_file = pillow_heif.open_heif(image_path)
        img = Image.frombytes(heif_file.mode, heif_file.size, heif_file.data)
    else:
        img = Image.open(image_path).convert('RGB')

    img = img.resize((224, 224))
    img_array = np.array(img).flatten() / 255.0
    return img_array

# 画像ファイルのパスを取得し、特徴量を抽出
```

Chap. 6

「大量の写真を分類して！」といわれて

```python
source_folder = 'photos'
image_paths = []
features = []

for img_file in os.listdir(source_folder):
    if os.path.splitext(img_file)[-1].lower() in SUPPORTED_FORMATS:
        img_path = os.path.join(source_folder, img_file)
        image_paths.append(img_path)
        features.append(extract_features(img_path))

# 特徴量を標準化し、PCAで次元削減
scaler = StandardScaler()
scaled_features = scaler.fit_transform(features)

# n_componentsの値を調整
n_components = min(len(features), scaled_features.shape[1], 20)
pca = PCA(n_components=n_components)
pca_features = pca.fit_transform(scaled_features)

# KMeansクラスタリングを適用
num_clusters = 5   # クラスタ数は適宜調整
kmeans = KMeans(n_clusters=num_clusters)
kmeans.fit(pca_features)

# 各クラスタごとにフォルダを作成し、画像をコピー
for idx, cluster in enumerate(kmeans.labels_):
    class_folder = os.path.join(source_folder, f'cluster_{cluster}')
    os.makedirs(class_folder, exist_ok=True)
    shutil.copy(image_paths[idx], class_folder)
    print(f"{image_paths[idx]} -> {class_folder}")

print("画像の分類とコピーが完了しました。")
```

最初の8行のimport文はふりがななしで解説します。

os、shutilは標準ライブラリのモジュールです。osはファイルの列挙やフォルダ作成、shutilはファイルのコピーに使用します。

sklearnは機械学習用の有名なパッケージです。今回はそこからKMeans、

PCA、StandardScalerの3つのオブジェクトをインポートします。

　numpyは数値計算用のパッケージです。画像を特徴量ベクトルというものに変換するために使用します。

　PILは画像処理用のパッケージで、Imageオブジェクトをインポートします。pillow_heifはPILにHEIF形式の画像を処理する機能を追加します。HEIF形式は主にiPhoneで使われています。

特徴量ベクトルへの変換

　13〜23行で定義しているextract_features関数は、画像ファイルを読み込んで特徴量ベクトルに変換します。特徴量ベクトルとは、AIが分析しやすい形に加工した数値列のことです。

chap6_1_3.py（13〜23行）

```
13  # 画像を特徴量ベクトルに変換する関数
      関数を作る    extract_featuresという名前      引数image_path    以下の内容
14  def extract_features(image_path):
           もしも      引数image_path    小文字化          で終わる    文字列「.heic」 真なら以下……
    4字下げ
15      if image_path.lower().endswith('.heic'):
                    変数heif_file   入れろ              HEIF形式を開く
    4字下げ 4字下げ
16          heif_file = pillow_heif.open_heif(⏎
                    変数image_path
            image_path)
                 変数img入れろ バイト列をImageオブジェクトに   変数heif_file    モード
    4字下げ 4字下げ
17          img = Image.frombytes(heif_file.mode,⏎
                    変数heif_size   サイズ       変数heif_file   データ
            heif_file.size, heif_file.data)
            そうでなければ以下を実行せよ
    4字下げ
18      else:
                 変数img入れろ      画像を開く     変数image_path
    4字下げ 4字下げ
19          img = Image.open(image_path).⏎
                変換しろ   文字列「RGB」
            convert('RGB')
```

```
20
21    img = img.resize((224, 224))
22    img_array = np.array(img).flatten() / 255.0
23    return img_array
```

読み下し文

```
13
14  extract_featuresという名前で、引数image_pathを受け取る以下の内容の関数
     を作る
15    もしも「引数image_pathを小文字化し、文字列「.heic」で終わる」が真なら
      以下を実行せよ
16      変数image_pathを指定して、HEIF形式を開き変数heif_fileに入れろ
17      変数heif_fileのモードと変数heif_fileのサイズと変数heif_fileのデータを
        指定して、バイト列をImageオブジェクトに変換し、変数imgに入れろ
18    そうでなければ以下を実行せよ
19      変数image_pathを指定して画像を開き、文字列「RGB」を指定して変換して、
        変数imgに入れろ
20
21    タプル（数値224, 数値224）を指定して変数imgをリサイズし、変数imgに入
      れろ
22    変数imgから配列を作成して一次元化し、数値255.0で割って変数img_array
      に入れろ
23    変数img_arrayを呼び出し元に返せ
```

　この関数は、画像を開いて224×224ピクセルサイズにしたあと、一次元配列化し、255.0で割ります。サイズを変更するのは、画像サイズを統一して比較しやすくするためです。配列はリストと似たデータ形式のことで、画像データは幅×高さの二次元配列ですが、これを一列に並んだ一次元配列にします。また、フルカラーの画像データはRGB値を0〜255の数値で表すため、255.0で割ると0〜1.0になります。

　この一連の処理は、画像データをクラスタリングするための事前処理と理解してください。

extract_features関数を利用している部分を見てみましょう。指定フォルダ内のファイルを1つずつ列挙し、拡張子がjpg、jpeg、png、heicのいずれかであれば、extract_features関数で特徴量ベクトルに変換します。

chap6_1_3.py（30～34行）

```
30  for img_file in os.listdir(source_folder):
31      if os.path.splitext(img_file)[-1].lower()
            in SUPPORTED_FORMATS:
32          img_path = os.path.join(source_folder,
                img_file)
33          image_paths.append(img_path)
34          features.append(extract_features(
                img_path))
```

読み下し文

30 変数source_folderを指定してフォルダの内容をリストアップし、変数img_fileに順次入れる間、以下を繰り返せ

31	もしも「変数img_fileのパスをテキスト分割し、要素-1を小文字化した結果が変数SUPPORTED_FORMATS内に含まれる」が真なら以下を実行せよ
32	変数source_folderと変数img_fileのパスを連結し、変数img_pathに入れろ
33	変数img_pathを変数image_pathsに追加しろ
34	変数img_pathを指定して特徴量を展開し、変数featuresに追加しろ

　ここで利用している関数やメソッドの大半はChapter 5までに登場済みです。

　31行目の「[-1]」はリストの最後の要素を意味します。ここでは拡張子を取り出すために使い、それが変数SUPPORTED_FORMATSのリストに含まれるかをin演算子でチェックします。

　この処理が終わると、変数img_pathのリストには各画像のファイルパスが、変数featuresには各画像の特徴量ベクトルが記録された状態になります。

クラスタリングの実行

　データが集まったらいよいよクラスタリングの実行です。この処理は、標準化、次元削減、KMeansクラスタリングの適用の3つに分かれています。

　標準化とは、データ群を「平均を0、分散を1」になるように調整して、データを比較しやすくする処理です。

chap6_1_3.py（36〜38行）

```
36  # 特徴量を標準化し、PCAで次元削減

37  scaler = StandardScaler()

38  scaled_features = scaler.fit_transform(features)
```

読み下し文

36	
37	標準スケーラーを作成して変数scalerに入れろ
38	変数featuresを指定して変数scalerを適合＆変換し、変数scaled_featuresに入れろ

PCA（主成分分析）という方式で次元削減を行います。次元削減とは、特徴を保ったままデータ量を小さくすることで、計算処理を高速化します。

chap6_1_3.py（40〜43行）

```
40  # n_componentsの値を調整
    n_components = min(len(features),
41  scaled_features.shape[1], 20)
42  pca = PCA(n_components=n_components)
43  pca_features = pca.fit_transform(
    scaled_features)
```

読み下し文

40
41 変数featuresの長さ、変数scaled_featuresの一次元の要素数、数値20から最小値を求め、変数n_componentsに入れろ
42 引数n_components=変数n_componentsを指定してPCAを作成し、変数pcaに入れろ
43 変数scaled_featuresを指定して変数pcaを適合&変換し、変数pca_featuresに入れろ

引数n_componentsには縮小後の次元数を指定します。ここでは「特徴量の数」「元データの要素数」「20」の中から最小のものを次元数に採用しています。

> プログラムはシンプルなのに理解が難しい。数学や統計学の用語がモリモリ出てくるね

このあたりは完全に統計とAIの世界なので、簡単には説明できません。興味のある方は機械学習の参考書などで確認してみてください。

すべての準備が終わったので、KMeansオブジェクトを使ってクラスタリングを実行します。ここで重要なのは引数n_clustersです。ここでいくつのクラスタに分割するかを指定します。

chap6_1_3.py（45〜48行）

```
45  # KMeansクラスタリングを適用
46  num_clusters = 5   # クラスタ数は適宜調整
47  kmeans = KMeans(n_clusters=num_clusters)
48  kmeans.fit(pca_features)
```

読み下し文

45
46 数値5を変数num_clustersに入れろ
47 引数n_clusters=変数num_clustersを指定してKMeansオブジェクトを作成し、変数kmeansに入れろ
48 変数pca_featuresを指定して変数kmeansを適合しろ

引数n_clustersに渡す値で結果をコントロールすればいいんだね

フォルダを作ってファイルをコピーする

最後にフォルダを作って、その中に画像ファイルをコピーします。フォルダの作成はosモジュールのmakedirs関数、ファイルのコピーはshutilモジュールのcopy関数で行います。

chap6_1_3.py（50〜54行）

```
50  # 各クラスタごとにフォルダを作成し、画像をコピー
51  for idx, cluster in enumerate(kmeans.labels_):
52      class_folder = os.path.join(source_folder,
            f'cluster_{cluster}')
53      os.makedirs(class_folder, exist_ok=True)
54      shutil.copy(image_paths[idx], class_folder)
```

読み下し文

50
51 変数kmeansのラベルを番号付き列挙して、変数idxと変数clusterに順次入れる間、以下を繰り返せ
52 　変数source_folderとフォーマット済み文字列「cluster_{cluster}」のパスを連結して、変数class_folderに入れろ
53 　変数class_folderと引数exist_ok=Trueを指定してフォルダを作成しろ
54 　変数image_pathsの要素idxを変数class_folderにファイルコピーしろ

makedirs関数の引数 exist_okにTrueを指定した場合、同名のフォルダがすでに存在していても処理を続行します。Falseの場合はその時点でプログラムを終了します。

何をしているかはふんわり理解できたかな。クラスターの数を8とか10に増やして結果を試してみよう！

あとがき

ただいまー。出張のお土産を持ってきたよ！

 あ、おかえりなさい！ お土産は**明太子クッキー**ですね

業務効率化はうまくいったかな？

 もちろんです！ 生成AIをうまく使えばどんなプログラムも作れる自信が付きましたよ！ **他にお手伝いできることがあれば教えてくださいね！**

しゃべり方が生成AIになってるよ（笑）。あとは、**Web検索**もうまく使うといいよ

　エラーメッセージの意味は生成AIに聞いてもいいのですが、**Web検索**のほうが正しい情報を得られることもあります。エラーメッセージの最後に表示される**「○○ Error:〜〜」**という部分がもっとも重要で、これをGoogleなどで検索すると、同じエラーに引っかかった人のWebページなどが見つかります。

　本書で伝えたかったことは、とにかく**「❶業務要件を整理してプロンプトを作る」「❷エラーが出たらAIに問う」「❸プログラムを読解して最後に残った問題を解決する」**の3つです。

　ぜひ、いろいろな業務の自動化に挑戦してみてください！

索引 | INDEX

A～C

API	136
applyメソッド	108
BarChart	169
ChatGPT	24
Copilot	26
copy関数	186
CSVファイル	25, 90, 154

D～F

DataFrame	87, 107
dataframe_to_rows関数	167
date	79
datetime	79, 120
def文	70
elif節	49
else節	49
enumerate関数	167
False	49
figureメソッド	146
for文	54

G～L

Gemini	24
Google Trends API	136, 151
Googleトレンド	124
IDLE	20, 28
if文	49
Image	181
import文	79
int関数	46
iterrowsメソッド	116
JSONDecodeError	132
KeyError	169
KMeans	178, 180, 186
listdir関数	165

M～O

makedirs関数	186
matplotlib	143
merge関数	110

Microsoft 365 Copilot	24
Microsoft Copilot	24
ModuleNotFoundError	29
numpy	181
openpyxl	163
open関数	116
os	163, 180

P

pandas	29, 83, 94
PCA	181, 185
PIL	181
pillow_heif	181
pipコマンド	83, 172
pivot_table関数	168
plotメソッド	146
print関数	45
pyplot	143
Pythonのインストール	16
pytrends	134, 143

R～T

range関数	55
read_csv関数	166
Reference	169
set_categoriesメソッド	171
shutil	180
sklearn	180
sortメソッド	76
splitext関数	166
splitメソッド	76
StandardScaler	181
strftimeメソッド	120
timedelta	79
to_datetime関数	120
TrendReq	143
True	49

W

Warning	137
while文	57

with文	114
writeメソッド	117

ア行

インタープリタ	16
インデックス	64
インデント	50
エディタウィンドウ	21
演算子	40
オブジェクト	74

カ行

関数	44
関数定義	70
キー	65
キーワード引数	44
業務要件定義	91
組み込み関数	78
クラスタリング	174
繰り返し文	54
警告	137
コメント文	104
コンストラクタ	82

サ行

サードパーティ製パッケージ	29, 78
シェルウィンドウ	21
次元削減	185
辞書	62, 65
主成分分析	185
条件式	48
スクリプト	12
スクレイピング	136
生成AI	12, 24
絶対パス、相対パス	106
ソースコード	12

タ行、ナ行

代入文	39
ダウングレード	172
タプル	68
日本語フォント	148

ハ行

配列	182
パッケージ	79
パッケージのインストール	83
ハルシネーション	12
比較演算子	49
引数	44
ピボットテーブル	160
標準化	184
標準ライブラリ	78
ファイルパス	104
フォーマット済み文字列	42, 117
古いバージョンのインストール	18
プログラム	12
プログラムの実行	23
ブロック	50
プロンプト	13, 25, 95, 128, 156, 175
プロンプトの入力	26
分岐	48
変数	38

マ行、ヤ行、ラ行

メソッド	74
モジュール	79
文字列	39
戻り値	46
要素	64
リスト	62
累算代入文	59

本書サンプルプログラムのダウンロードについて

本書で使用しているサンプルプログラムは、下記の本書サポートページからダウンロードできます。zip形式で圧縮しているので、展開してからご利用ください。

【本書サポートページ】

https://book.impress.co.jp/books/1124101117

1. 上記URLを入力してサポートページを表示
2. **ダウンロード** をクリック

画面の指示にしたがってファイルをダウンロードしてください。
※Webページのデザインやレイアウトは変更になる場合があります。

本書のご感想をぜひお寄せください

https://book.impress.co.jp/books/1124101117

読者登録サービス
CLUB impress

アンケート回答者の中から、抽選で図書カード(1,000円分)などを毎月プレゼント。当選は賞品の発送をもって代えさせていただきます。

STAFF LIST

カバー・本文デザイン	松本 歩(細山田デザイン事務所)
カバー・本文イラスト	MUCHI
DTP	リブロワークス・デザイン室
校正	株式会社聚珍社
デザイン制作室	今津幸弘
制作担当デスク	柏倉真理子
編集・執筆	大津雄一郎(リブロワークス)
編集長	柳沼俊宏

■商品に関する問い合わせ先

このたびは弊社商品をご購入いただきありがとうございます。本書の内容などに関するお問い合わせは、下記のURLまたは二次元コードにある問い合わせフォームからお送りください。

https://book.impress.co.jp/info/

上記フォームがご利用いただけない場合のメールでの問い合わせ先

info@impress.co.jp

※お問い合わせの際は、書名、ISBN、お名前、お電話番号、メールアドレス に加えて、「該当するページ」「具体的なご質問内容」「お使いの動作環境」を必ずご明記ください。なお、本書の範囲を超えるご質問にはお答えできないのでご了承ください。

- 電話やFAXでのご質問には対応しておりません。また、封書でのお問い合わせは回答までに日数をいただく場合があります。あらかじめご了承ください。
- インプレスブックスの本書情報ページ https://book.impress.co.jp/books/1124101117では、本書のサポート情報や正誤表・訂正情報などを提供しています。あわせてご確認ください。
- 本書の奥付に記載されている初版発行日から3年が経過した場合、もしくは本書で紹介している製品やサービスについて提供会社によるサポートが終了した場合はご質問にお答えできない場合があります。

■落丁・乱丁本などのお問い合わせ先

FAX：03-6837-5023
service@impress.co.jp
※古書店で購入された商品はお取り替えできません。

生成AIと一緒に学ぶ Pythonふりがなプログラミング

2025年3月21日　初版発行

著　者　リブロワークス
発行人　高橋隆志
編集人　藤井貴志
発行所　株式会社インプレス
　　　　〒101-0051　東京都千代田区神田神保町一丁目105番地
　　　　https://book.impress.co.jp/

本書は著作権法上の保護を受けています。本書の一部あるいは全部について（ソフトウェア及びプログラムを含む）、株式会社インプレスから文書による許諾を得ずに、いかなる方法においても無断で複写、複製することは禁じられています。

Copyright©2025 LibroWorks All rights reserved.

印刷所　株式会社暁印刷
ISBN978-4-295-02141-4 C3055
Printed in Japan